Fillipi Klos Rodrigues de Campos

FÍSICA NUCLEAR: FUNDAMENTOS E APLICAÇÕES

Rua Clara Vendramin, 58 . Mossunguê . CEP 81200-170 . Curitiba . PR . Brasil
Fone: (41) 2106-4170
www.intersaberes.com
editora@intersaberes.com

Conselho editorial
Dr. Alexandre Coutinho Pagliarini
Dr.ª Elena Godoy
Dr. Neri dos Santos
M.ª Maria Lúcia Prado Sabatella

Editora-chefe
Lindsay Azambuja

Gerente editorial
Ariadne Nunes Wenger

Assistente editorial
Daniela Viroli Pereira Pinto

Preparação de originais
Gustavo Ayres Scheffer

Edição de texto
Caroline Rabelo Gomes
Millefoglie Serviços de Edição
Novotexto

Capa
Débora Gipiela (*design*)
Alexyz3d e white snow/Shutterstock (imagem)

Projeto gráfico
Débora Gipiela (*design*)
Maxim Gaigul/Shutterstock (imagens)

***Designer* responsável**
Iná Trigo

Diagramação
Muse Design

Iconografia
Regina Claudia Cruz Prestes
Sandra Lopis da Silveira

Dados Internacionais de Catalogação na Publicação (CIP)
(Câmara Brasileira do Livro, SP, Brasil)

Campos, Fillipi Klos Rodrigues de
   Física nuclear : fundamentos e aplicações / Fillipi Klos Rodrigues de Campos. -- 1. ed. -- Curitiba, PR : Editora Intersaberes, 2023. -- (Série Dinâmicas da Física)

   Bibliografia.
   ISBN 978-85-227-0496-5

   1. Física nuclear I. Título. II. Série.

23-148333   CDD-530.7

Índices para catálogo sistemático:
1. Física : Ensino médio   530.7

Eliane de Freitas Leite - Bibliotecária - CRB 8/8415

1ª edição, 2023.

Foi feito o depósito legal.

Informamos que é de inteira responsabilidade do autor a emissão de conceitos.

Nenhuma parte desta publicação poderá ser reproduzida por qualquer meio ou forma sem a prévia autorização da Editora InterSaberes.

A violação dos direitos autorais é crime estabelecido na Lei n. 9.610/1998 e punido pelo art. 184 do Código Penal.

Sumário

Agradecimentos 5

Apresentação 6

Como aproveitar ao máximo este livro 10

1 Introdução à física nuclear 15

    1.1 Histórico 17

    1.2 Unidades, constantes e termos fundamentais 21

    1.3 Teoria quântica da física nuclear 34

    1.4 Núcleons e outras partículas 46

    1.5 Forças nucleares 59

2 Propriedades e estrutura do núcleo 75

    2.1 Propriedades do núcleo 77

    2.2 Momentos angular e de *spin* 88

    2.3 Modelo da gota líquida 94

    2.4 Modelo de camadas 98

    2.5 Outros modelos nucleares 106

3 Radioatividade 115

    3.1 Emissões radioativas 117

    3.2 Princípios da radioatividade 121

    3.3 Emissão α 131

    3.4 Emissão β 139

    3.5 Emissão γ 147

4 Reações nucleares 164

    4.1 Introdução às reações nucleares 166

    4.2 Fissão nuclear 174

    4.3 Reatores de fissão 182

    4.4 Fusão nuclear 195

    4.5 Fusões nucleares controladas 198

5 Radiação nuclear e matéria 209

    5.1 Interação entre radiação e matéria 211

    5.2 Detecção de radiação 220

    5.3 Detectores e instrumentação 228

    5.4 Efeitos biológicos da radiação 233

    5.5 Fontes de radiação naturais e artificiais 243

6 Aplicações da física nuclear 254

    6.1 Física nuclear industrial 256

    6.2 Medicina nuclear 261

    6.3 Astrofísica e cosmologia nuclear 268

    6.4 Datação radioativa e outros usos da física nuclear 274

    6.5 Segurança em física nuclear 279

Considerações finais 299

Referências 301

Respostas 309

Sobre o autor 313

Agradecimentos

A minha esposa, a minha família, a meus amigos, a meus professores e às demais pessoas que colaboraram para a publicação deste livro.

Apresentação

O medo do fenômeno nuclear tem sido tema recorrente no cinema há bastante tempo: desde o simbolismo da bomba com o *kaiju* japonês Godzilla – uma grande ameaça de origem radioativa que destrói cidades nipônicas – até a recente premiadíssima minissérie Chernobyl produzida pela HBO.

O primeiro exemplo está relacionado ao medo que tomou conta do Japão no período pós-guerra – sua produção ocorreu menos de 10 anos após o lançamento das bombas em Hiroshima e Nagasaki. Embora o personagem tenha se tornado um símbolo das produções japonesas e tenda atualmente para o heroísmo, suas primeiras aparições representavam o medo dos efeitos das armas nucleares. Ironicamente, o monstro acabou se tornando ainda mais conhecido a partir dos anos 1990, graças às produções estadunidenses.

Nada se compara, todavia, ao grande *boom* de filmes hollywoodianos dos anos 1980, com uma sequência de produções com o tema: *Reação em cadeia* (1980), *The atomic cafe* (1982), *Whoops apocalypse* (1982), *Jogos de guerra* (1983), *O dia seguinte* (1983), *O testamento* (1983), *Silkwood: o retrato de uma coragem* (1983), *Catástrofe nuclear* (1984), *Cartas de um homem morto* (1986), *Jogos fatais* (1986), *Quando o vento sopra* (1986) e *Segredos nucleares* (1987).

Ao precursor dessa onda foi conferido um caráter profético: no filme *Síndrome da China*, os personagens de Jane Fonda e Michael Douglas, repórteres investigativos, desvendam os problemas de construção de uma usina nuclear na Califórnia, cujo lançamento se deu em 16 de março de 1979, somente 12 dias antes da mais icônica ocorrência nuclear em solo americano – o derretimento parcial ocorrido na usina de Three Mile Island.

Além disso, músicas como *Eva* (composta por Giancarlo Bigazzi e Umberto Tozzi e interpretada em português pelas bandas Rádio Táxi e Eva), *Rosa de Hiroshima* (um poema de Vinicius de Moraes interpretado musicalmente pela banda Secos e Molhados), *Radioactive* (da banda Imagine Dragons) e *99 luftbaloons/99 red baloons* (da cantora alemã Nena) são somente alguns exemplos de obras que abordaram o tema

Embora discutida à exaustão, a temática nuclear dificilmente é explorada de modo preciso. Esta obra, portanto, visa trazer à tona o conhecimento do assunto, buscando expô-lo de maneira acessível.

Para isso, no Capítulo 1, por meio de um histórico da física nuclear, citaremos os primeiros resultados obtidos na área. Também trataremos da teoria quântica da física nuclear, das unidades, constantes e termos fundamentais da área, além de mencionarmos os diversos tipos de partículas em escala nuclear, evidenciando as mais utilizadas, e discutirmos sobre as forças nucleares.

No Capítulo 2, explicitaremos as principais propriedades do núcleo, explicaremos os momentos angular e de *spin* dos núcleos, discutiremos os modelos da gota líquida e de camadas e, por fim, mostraremos o modelo do gás de Fermi e o coletivo.

As emissões radioativas e os princípios básicos da radioatividade, bem como as particularidades das radiações α, β e γ, serão objeto do Capítulo 3.

Entre os temas do Capítulo 4 estão a dissecação das reações nucleares, os fundamentos da fissão nuclear e as bases da fusão nuclear. Aproveitaremos a exposição desses conceitos para comentar sobre algumas possibilidades viáveis de se obter energia no caso de usinas de fissão nuclear.

Por sua vez, no Capítulo 5, clarificaremos a interação da radiação com a matéria e especificaremos os fundamentos dos detectores de radiação, bem como dos instrumentos que os medem. Abordando vários princípios, demonstraremos como ocorre a medição dos efeitos da radiação em seres vivos e, finalmente, versaremos sobre alguns emissores naturais e artificiais de radiação.

Por fim, no Capítulo 6, verificaremos diferentes aplicações da física nuclear na indústria e na medicina. Também relataremos como foram criados os principais núcleos atômicos na perspectiva da astrofísica e da cosmologia nuclear. Finalizaremos nossa explanação evidenciando os cuidados a serem tomados na aplicação da

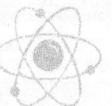

física nuclear para que se faça o bom uso dela, referindo brevemente os mais importantes acidentes históricos com isótopos radioativos.

Temos de advertir que assumimos que o(a) leitor(a) tem um conhecimento básico das diversas áreas da física clássica, em especial do eletromagnetismo. Contudo, em razão da notória dificuldade relacionada ao conteúdo, o livro apresenta um capítulo dedicado aos principais pontos da física quântica relevantes para a física nuclear.

Como aproveitar ao máximo este livro

Empregamos nesta obra recursos que visam enriquecer seu aprendizado, facilitar a compreensão dos conteúdos e tornar a leitura mais dinâmica. Conheça a seguir cada uma dessas ferramentas e saiba como elas estão distribuídas no decorrer deste livro para bem aproveitá-las.

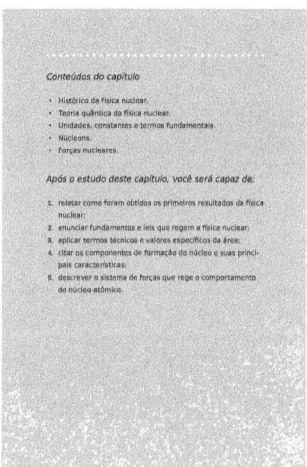

Conteúdos do capítulo
Logo na abertura do capítulo, relacionamos os conteúdos que nele serão abordados.

Após o estudo deste capítulo, você será capaz de:
Antes de iniciarmos nossa abordagem, listamos as habilidades trabalhadas no capítulo e os conhecimentos que você assimilará no decorrer do texto.

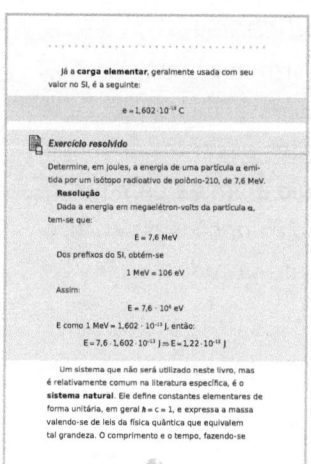

Exercícios resolvidos
Nesta seção, você acompanhará passo a passo a resolução de alguns problemas complexos que envolvem os assuntos trabalhados no capítulo.

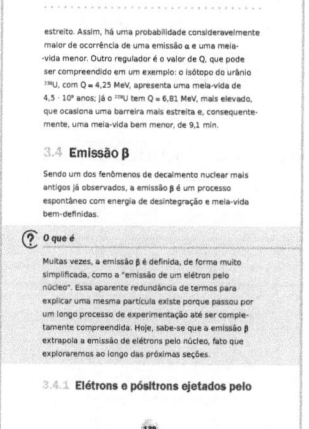

O que é
Nesta seção, destacamos definições e conceitos elementares para a compreensão dos tópicos do capítulo.

Exemplificando
Disponibilizamos, nesta seção, exemplos para ilustrar conceitos e operações descritos ao longo do capítulo a fim de demonstrar como as noções de análise podem ser aplicadas.

Para saber mais
Sugerimos a leitura de diferentes conteúdos digitais e impressos para que você aprofunde sua aprendizagem e siga buscando conhecimento.

Fique atento!
Ao longo de nossa explanação, destacamos informações essenciais para a compreensão dos temas tratados nos capítulos.

Síntese
Ao final de cada capítulo, relacionamos as principais informações nele abordadas a fim de que você avalie as conclusões a que chegou, confirmando-as ou redefinindo-as.

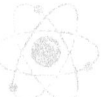

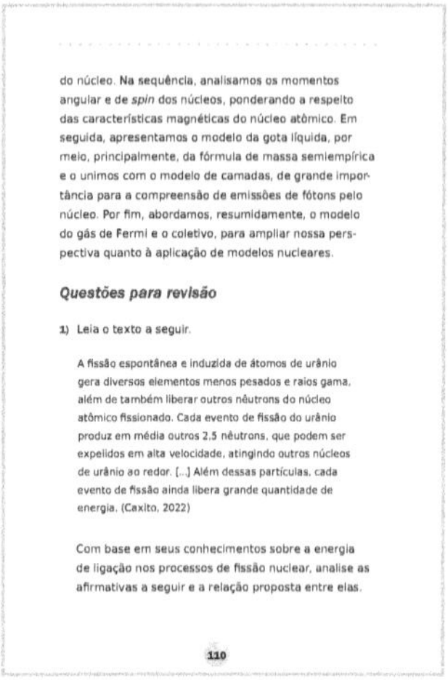

do núcleo. Na sequência, analisamos os momentos angular e de *spin* dos núcleos, ponderando a respeito das características magnéticas do núcleo atômico. Em seguida, apresentamos o modelo da gota líquida, por meio, principalmente, da fórmula de massa semiempírica e o unimos com o modelo de camadas, de grande importância para a compreensão de emissões de fótons pelo núcleo. Por fim, abordamos, resumidamente, o modelo do gás de Fermi e o coletivo, para ampliar nossa perspectiva quanto à aplicação de modelos nucleares.

Questões para revisão

1) Leia o texto a seguir.

> A fissão espontânea e induzida de átomos de urânio gera diversos elementos menos pesados e raios gama, além de também liberar outros nêutrons do núcleo atômico fissionado. Cada evento de fissão do urânio produz em média outros 2,5 nêutrons, que podem ser expelidos em alta velocidade, atingindo outros núcleos de urânio ao redor. [...] Além dessas partículas, cada evento de fissão ainda libera grande quantidade de energia. (Caxito, 2022)

Com base em seus conhecimentos sobre a energia de ligação nos processos de fissão nuclear, analise as afirmativas a seguir e a relação proposta entre elas.

110

Questões para revisão

Ao realizar estas atividades, você poderá rever os principais conceitos analisados. Ao final do livro, disponibilizamos as respostas às questões para a verificação de sua aprendizagem.

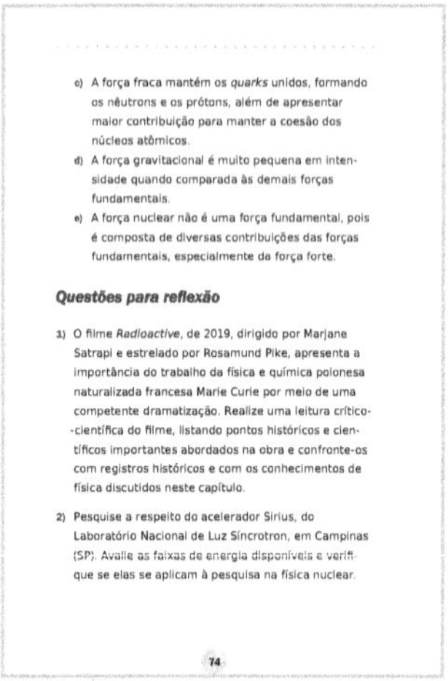

c) A força fraca mantém os *quarks* unidos, formando os nêutrons e os prótons, além de apresentar maior contribuição para manter a coesão dos núcleos atômicos.
d) A força gravitacional é muito pequena em intensidade quando comparada às demais forças fundamentais.
e) A força nuclear não é uma força fundamental, pois é composta de diversas contribuições das forças fundamentais, especialmente da força forte.

Questões para reflexão

1) O filme *Radioactive*, de 2019, dirigido por Marjane Satrapi e estrelado por Rosamund Pike, apresenta a importância do trabalho da física e química polonesa naturalizada francesa Marie Curie por meio de uma competente dramatização. Realize uma leitura crítico-científica do filme, listando pontos históricos e científicos importantes abordados na obra e confronte-os com registros históricos e com os conhecimentos de física discutidos neste capítulo.
2) Pesquise a respeito do acelerador Sirius, do Laboratório Nacional de Luz Síncrotron, em Campinas (SP). Avalie as faixas de energia disponíveis e verifique se elas se aplicam à pesquisa na física nuclear.

74

Questões para reflexão

Ao propor estas questões, pretendemos estimular sua reflexão crítica sobre temas que ampliam a discussão dos conteúdos tratados no capítulo, contemplando ideias e experiências que podem ser compartilhadas com seus pares.

Introdução à física nuclear

Conteúdos do capítulo

- Histórico da física nuclear.
- Teoria quântica da física nuclear.
- Unidades, constantes e termos fundamentais.
- Núcleons.
- Forças nucleares.

Após o estudo deste capítulo, você será capaz de:

1. relatar como foram obtidos os primeiros resultados da física nuclear;
2. enunciar fundamentos e leis que regem a física nuclear;
3. aplicar termos técnicos e valores específicos da área;
4. citar os componentes de formação do núcleo e suas principais características;
5. descrever o sistema de forças que rege o comportamento do núcleo atômico.

1.1 Histórico

A física costuma despertar duas reações nas pessoas: ou uma aversão em razão das dificuldades relativas a seu ensino na escola, ou grande admiração, tendo quase uma aura mística, diante de suas aplicações. Talvez por isso seus termos sejam frequentemente tomados de empréstimo e aplicados em produtos e serviços de origem duvidosa. Até alguns anos atrás, as expressões *ondas eletromagnéticas* e *magnéticos* figuravam em frascos e embalagens. Atualmente, os termos *quântico* e *nanotecnologia* são empregados, na maioria das vezes, sem critério e fazendo uso indiscriminado das árduas conquistas da ciência. Quanto à palavra *nuclear*, além de ser objeto de análise nesta obra, carrega seu próprio fardo: o de ser uma das áreas com nome mais temido da ciência.

Temos como propósito norteador na elaboração desta publicação ajudar o(a) leitor(a) a alcançar uma compreensão mais ampla do tema para eliminar falsos dogmas e perceber como ela pode ser útil em diversas aplicações. Para isso, iniciaremos nossa discussão passando rapidamente pelos principais fatos históricos que contribuíram para o desenvolvimento da física nuclear.

Os antecedentes da compreensão do núcleo do átomo, que classificamos como *pré-física nuclear*, são os listados a seguir:

- 1803 – James Dalton (1766-1844) apresenta o modelo do átomo que hoje leva seu nome (Sundaresan, 2001).
- 1868 – Dmitri Mendeleev (1834-1907) organiza os elementos químicos na tabela periódica (Basdevant; Rich; Spiro, 2006).
- 1895 – Wilhelm Röntgen (1845-1923) descobre os raios X (Damasio; Tavares, 2017).

Em seguida, constituiu-se a primeira fase da física nuclear, que se estendeu de 1896 a 1939. Nesse momento, foi central a descoberta dos componentes básicos (prótons e nêutrons) e das leis da física quântica que os governam (Basdevant; Rich; Spiro, 2006):

- 1896 – Henri Becquerel (1852-1908) descobre a radioatividade natural (Damasio; Tavares, 2017; Sundaresan, 2001).
- 1897 – J. J. Thomson (1856-1940) descobre o elétron (Basdevant; Rich; Spiro, 2006; Lilley, 2001).
- 1898 – Marie Curie (1867-1934) e Pierre Curie (1859-1906) identificam substâncias radioativas (polônio e rádio) (Basdevant; Rich; Spiro, 2006; Krane; Halliday, 1988).
- 1900 – Max Planck (1858-1947) dá início à formulação quântica com a descoberta da fórmula da radiação de corpo negro (Williams, 1991).
- 1901 – Wilhelm Röntgen (1845-1923) recebe o primeiro Prêmio Nobel de Física pela descoberta dos raios X (Damasio; Tavares, 2017).

- 1905 – Albert Einstein (1879-1955) propõe a teoria especial da relatividade (Williams, 1991).
- 1905 – Einstein apresenta o conceito do fóton (*quantum* de luz) (Sundaresan, 2001).
- 1908 – Hans Geiger (1882-1945) e Ernest Rutherford (1871-1937) medem a carga das partículas α. (Basdevant; Rich; Spiro, 2006).
- 1911 – Rutherford propõe que o núcleo é uma pequena parte centralizada do átomo (Sundaresan, 2001; Williams, 1991; Wong, 2004).
- 1911 – Robert Millikan (1868-1953) mede a carga do elétron (Sundaresan, 2001).
- 1913 – Niels Bohr (1885-1962) lança o modelo do átomo de hidrogênio com eletrosfera formada por camadas (Sundaresan, 2001).
- 1914 – Robert Robinson (1886-1975) e Rutherford medem a massa da partícula α (Basdevant; Rich; Spiro, 2006).
- 1919 – Rutherford descobre o próton (Sundaresan, 2001).
- 1920 – James Chadwick (1891-1974) mede os raios de núcleos pesados (Wong, 2004).
- 1925 – Samuel Goudsmit (1902-1978) e George Uhlenbeck (1900-1988) propõem a existência do *spin* nos elétrons (Sundaresan, 2001).
- 1928 – Paul Dirac (1902-1984) desenvolve a equação relativística para o elétron (Sundaresan, 2001).

- 1931 – Chandrasekhara Venkata Raman (1888-1970) e Suri Bhagavantam (1909-1989) determinam que o fóton possui *spin* 1 (Sundaresan, 2001).
- 1932 – Chadwick identifica o nêutron com base nos experimentos de Irène Joliot-Curie (1897-1956) e Frédéric Joliot-Curie (1900-1958) (Basdevant; Rich; Spiro, 2006; Lilley, 2001; Wong, 2004).
- 1934 – Frédéric e Irène Joliot-Curie descobrem a radioatividade artificial (Basdevant; Rich; Spiro, 2006).
- 1938 – Otto Hahn (1879-1968) e Fritz Strassman (1902-1980) descobrem a fissão (Basdevant; Rich; Spiro, 2006).

Dessa época em diante, ocorreu a segunda fase da física nuclear, que se seguiu até os anos 1960. Nela, houve um grande salto em razão do impacto gerado pela Segunda Guerra Mundial e, na sequência, do interesse no uso dos isótopos radioativos como geração de energia (Basdevant, Rich; Spiro, 2006). Abordaremos diversos detalhes históricos desse período ao longo do livro, de maneira que seria redundante expô-los aqui.

Já na terceira fase, em curso desde a década de 1960, houve um ganho qualitativo na área teórica, com o desenvolvimento da física de partículas. Conhecida também como *física de altas energias* – por causa, obviamente, das altas energias de seus experimentos –, trata-se de uma derivação da física nuclear. Atualmente, ela tem recebido muita atenção em razão do Large Hadron Collider (LHC), o "grande colisor de hádrons", entre a

França e a Suíça. Por ora, suspendemos a apresentação dos principais fatos históricos para relembrar os conceitos da física.

1.2 Unidades, constantes e termos fundamentais

É comum a acepção acerca das proporções derivar de cálculos com dinheiro. Isso é natural, uma vez que, para a maioria da população, é mais fácil entender o significado de uma diferença de R$ 1 000,00 na conta do banco do que a energia de um fóton com 1 keV (quiloelétron-volt). Nas redes sociais, é facilmente encontrada a equiparação de um milhão e um bilhão de segundos, equivalentes a 11,57 dias e 31,68 anos, respectivamente. A imagem mental da diferença entre milhões e bilhões de dólares não é muito clara para nós, mas sabemos muito bem distinguir o período de 12 dias daquele de 32 anos.

Cada ramo da física, em virtude de suas particularidades, tende a apresentar um rol de unidades mais convenientes para estudo e aplicação. Quando se trata de comprimento, por exemplo, a cosmologia costuma usar mais confortavelmente o parsec (equivalente a, aproximadamente, 30 860 000 000 000 000 m), mas a física atômica prefere o uso do ângstrom (que equivale a 0,000 000 000 1 m). Aqui, concentraremos nossa atenção nas unidades mais usadas em escalas nucleares, aplicadas principalmente para facilitar a escrita de números muito grandes ou muito pequenos, como os que citamos.

Para facilitar a notação, utilizaremos frequentemente o sinal de igual na definição de constantes, embora os valores, na maioria das vezes, estejam aproximados com 3 ou 4 algarismos significativos.

1.2.1 Prefixos do Sistema Internacional

Nas ciências e nas tecnologias, é comum se utilizarem, além das potências de base 10, os prefixos do Sistema Internacional (SI) delas derivados. No Quadro 1.1, a seguir, apresentamos a equivalência e os principais exemplos dos prefixos que são usados dentro e fora do SI.

Quadro 1.1 – Prefixos do SI e suas equivalências

Nome	Símbolo	10^n	Equivalência	
iota	Y	10^{24}	Septilhão	1 000 000 000 000 000 000 000 000
zeta	Z	10^{21}	Sextilhão	1 000 000 000 000 000 000 000
exa	E	10^{18}	Quintilhão	1 000 000 000 000 000 000
peta	P	10^{15}	Quadrilhão	1 000 000 000 000 000
tera	T	10^{12}	Trilhão	1 000 000 000 000
giga	G	10^9	Bilhão	1 000 000 000
mega	M	10^6	Milhão	1 000 000
quilo	K	10^3	Mil	1 000
hecto	H	10^2	Cem	100
deca	Da	10^1	Dez	10
				1
deci	d	10^{-1}	Décimo	0,1

(continua)

(Quadro 1.1 – conclusão)

Nome	Símbolo	10^n	Equivalência	
centi	c	10^{-2}	Centésimo	0,01
mili	m	10^{-3}	Milésimo	0,001
micro	μ	10^{-6}	Milionésimo	0,000001
nano	N	10^{-9}	Bilionésimo	0,000000001
pico	p	10^{-12}	Trilionésimo	0,000000000001
femto	f	10^{-15}	Quadrilionésimo	0,000000000000001
atto	a	10^{-18}	Quintilionésimo	0,000000000000000001
zepto	z	10^{-21}	Sextilionésimo	0,000000000000000000001
iocto	y	10^{-24}	Septilionésimo	0,000000000000000000000001

Fonte: Elaborado com base em Halliday; Resnick; Walker, 2016.

Alguns prefixos são pouco utilizados, em especial, os que figuram aos extremos do quadro. Há, no entanto, diversas aplicações para a maioria deles (Wolfram Alpha, 2022):

- 385 YW (iotawatts) – Potência total emitida pelo Sol (aproximada).
- 1 Zm (zetâmetro) – Diâmetro estimado da Via-Láctea.
- 1,998 EJ (exajoule) – Consumo de energia elétrica no Brasil (em 2021).
- 30 PHz (petahertz) – Frequência das ondas na faixa do ultravioleta.
- 6 Tg (teragrama) – Massa aproximada da Pirâmide de Quéops (Egito).

- 14 GW (gigawatt) – Capacidade instalada de potência da usina de Itaipu.
- 1 MΩ (megaohm) – Valor comercial de resistência elétrica usada na eletrônica.
- 138 kV (quilovolt) – Tensão de pico adotada em linhas de transmissão no Brasil.
- 3 mA (miliampère) – Corrente típica de uma arma de choque.
- 220 µH (microhenry) – Indutância típica em circuitos de eletrônica.
- 2 nm (nanômetro) – Diâmetro da dupla hélice de DNA.
- 3,3 pF (picofarad) – Capacitância típica em circuitos de transmissão e recepção de ondas de frequência modulada (FM).
- 1,66 fm (femtômetro) – Comprimento de onda de um fóton de raios γ.
- 24 as (attosegundo) – Período de revolução de um elétron em um átomo de hidrogênio.
- 160,2 zC (zeptocoulomb) – Valor aproximado da carga elementar (e).
- 1,66 yg (ioctograma) – Uma unidade de massa atômica.

Há, ainda, o uso, menos comum, de prefixos com potências diferentes de múltiplos de 3, entre os quais podemos citar:

- 10 hPa (hectopascal) – Pressão atmosférica na superfície de Marte.
- 90 daN (decanewton) – Tensão típica em uma corda de piano.

- 120 dB (decibel) – Limiar da dor da intensidade sonora.
- 2,2 cm (centímetro) – Diâmetro de uma moeda de R$ 0,05.

Cabe destacar que, embora esse prefixos sejam usados massivamente em unidades do SI, é comum encontrá-los em unidades fora desse sistema. Unidades como miligauss (mG), equivalente a 100 nanoteslas no SI, ou quilopolegadas (kin) podem ser encontradas na literatura. Outra ressalva é que prefixos ligados a unidades com potência também são elevados ao mesmo valor. Uma área de 1 mm², portanto, implica um prefixo com valor de $(10^{-3})^2 = 10^{-6}$, conclusão de grande valia para cálculos de transformações de unidades.

1.2.2 Unidades e constantes da física nuclear

Ante operações em escalas tão pequenas, são requeridas unidades mais apropriadas. Existe, ainda, a necessidade de adequar a unidades já em desuso, mas que ainda aparecem na literatura e nos equipamentos. Uma unidade de comprimento muito utilizada na física nuclear é o fermi que, por ser a ordem de grandeza do núcleo, permite assumir outra perspectiva dos tamanhos nessa área. Uma distância de 0,01 fermi é muito menor do que um núcleo, e 100 fermis, muito maior; portanto, felizmente, há uma equivalência direta do fermi com o femtômetro do SI:

$$1 \text{ fermi} = 1 \text{ fentômetro} = 1 \cdot 10^{-15} \text{ m}$$

É comum, dessa forma a troca do termo femtômetro por fermi nos textos, como homenagem ao físico italiano Enrico Fermi (1901-1954) (Williams, 1991). A simbologia atual adotada, como já descrevemos, é a mesma, que tem 1 fermi simbolizado por 1 fm. Todavia, malgrado esteja há muito em desuso, ainda é possível encontrar na literatura esse valor representado como 1 F (Meyerhof, 1967).

Definida como o trabalho necessário para deslocar um corpo por 1 metro (m) utilizando-se uma força de 1 newton (N), a unidade de energia adotada no SI é o joule (J). Obviamente, é possível trabalhar com forças e deslocamento muito menores, o que demanda usar unidades como o elétron-volt (eV), definido como a energia cinética necessária para acelerar um elétron do repouso por uma diferença de potencial de 1 volt (V) no vácuo. A equivalência entre joules e elétron-volts é $1\,J = 6{,}242 \cdot 10^{19}\,eV$ ou $1\,eV = 1{,}602 \cdot 10^{-19}\,J$. Na escala nuclear, todavia, os valores são expressos em uma unidade derivada desta, o megaelétron-volt (MeV), cuja equivalência é:

$$1\,MeV = 10^6\,eV = 1{,}602 \cdot 10^{-13}\,J$$

Uma das unidades de massa usadas na escala nuclear é a **unidade de massa atômica**, de símbolo atual u, já muito utilizada na química elementar. Seu valor unitário equivale a $\frac{1}{12}$ da massa de um átomo do isótopo de carbono-12, um átomo de carbono com 6 nêutrons.

A massa de um próton fica, assim, 1,007276 u, e a equivalência com a unidade padrão do SI, o quilograma, é 1 u = 1,66 · 10^{-27} kg ou 1 kg = 6,022 · 10^{26} u.

É comum, no entanto, por praticidade, expressar e calcular massas em MeV/c^2 ou MeV, a unidade de energia já mencionada. Essa equivalência massa-energia deriva da expressão da relatividade especial $E = mc^2$ e é especialmente útil em reações nucleares e decaimentos, em que a conversão de massa em energia (e vice-versa) são corriqueiras (Cottingham; Greenwood, 2001). Para realizar essa pseudoconversão, basta multiplicar o valor em kg por $\frac{c^2}{e}$ para obter o resultado em elétron-volts, podendo a conversão para megaelétron-volts seguir o processo que demonstramos quando discutimos sobre os prefixos.

Desse modo, com valores do SI já conhecidos, pode-se deixar marcadas as massas de algumas partículas em MeV. Retomaremos suas propriedades em seções posteriores, mas indicamos os valores aqui para facilitar uma eventual busca. Comecemos pela pequena **massa do elétron**:

$$m_e = 9,109 \cdot 10^{-31} \text{ kg} = 0,5110 \text{ MeV}/c^2$$

Essa massa é muito menor do que a massa dos componentes do núcleo, em que a **massa do próton** é: $m_p = 1,673 \cdot 10^{-27}$ kg = 938,3 MeV/c^2; e a

massa do nêutron possui um valor muito próximo: $m_n = 1{,}675 \cdot 10^{-27}$ kg $= 939{,}5$ MeV/c^2.

Nesses casos, a conversão entre sistemas, como já enunciamos, é realizada simplesmente multiplicando-se o valor em kg por $\dfrac{c^2}{e}$.

Elétrons, prótons e nêutrons também apresentam momento magnético, respectivamente:

$$\mu_e = 1{,}001\mu_b$$
$$\mu_p = 2{,}793\mu_N$$
$$\mu_n = -1{,}913\mu_N$$

Esses valores são dados em função do magnéton de Bohr, $\mu_B = 9{,}2740 \cdot 10^{-24}$ J/T $= 5{,}7884 \cdot 10^{-11}$ MeV/T, e do magnéton nuclear, $\mu_N = 5{,}051 \cdot 10^{-27}$ J/T $= 3{,}153 \cdot 10^{-14}$ MeV/T (Basdevant; Rich; Spiro, 2006). O sinal negativo no momento magnético indica que ele está em direção oposta ao *spin* da partícula. É interessante notar, também, que, embora não tenha carga, o nêutron ainda apresenta momento magnético, corroborando a ideia de que o *spin* não equivale ao giro da partícula como o nome sugere (Gautreau; Savin, 1999).

As escalas de tempo da física nuclear são as mais amplas possíveis: vão da desintegração de átomos de $^{7}_{1}$H, na faixa das dezenas de yoctosegundos, até a *meia-vida* (conceituaremos esse termo adiante) do $^{124}_{54}$Xe, que chega a $1{,}8 \cdot 10^{22}$ anos (Xenon Collaboration, 2019) – mais de 1 trilhão de vezes a idade do Universo! Adotaremos aqui, todavia, as escalas mais triviais, como os segundos (por vezes associados aos prefixos do SI, como em μs ou ns) ou os anos.

As constantes têm papel central nos cálculos que apresentaremos, sendo necessário lembrar seus valores ou, ao menos, saber onde pesquisá-los. Atualmente, a busca por esses valores é rápida e simples por meio dos buscadores de internet. As definições aqui são expressas para facilitar seu uso nas unidades específicas.

Uma equivalência útil é a da **constante de Planck**, dada em MeV · s:

$$\hbar = \frac{h}{2\pi} = 1{,}055 \cdot 10^{-34} \text{ J} \cdot \text{s} = 6{,}582 \cdot 10^{-22} \text{ MeV} \cdot \text{s}$$

Formalmente, a letra h cortada ($\hbar$) consiste na constante de Planck reduzida, mas é praxe, tanto na física quântica quanto em outras áreas que fazem uso de seus conceitos, chamar tanto h quanto $\hbar$ de *constante de Planck*, apesar de terem valores distintos.

Outras constantes conhecidas e muito utilizadas em outras áreas são a velocidade da luz e a carga elementar.

A **velocidade da luz** é dada com o comprimento em fermis:

$$c = 2{,}998 \cdot 10^8 \text{ m/s} = 2{,}998 \cdot 10^{23} \text{ fm/s}$$

Já a **carga elementar**, geralmente usada com seu valor no SI, é a seguinte:

$$e = 1{,}602 \cdot 10^{-19} \text{ C}$$

Exercício resolvido

Determine, em joules, a energia de uma partícula α emitida por um isótopo radioativo de polônio-210, de 7,6 MeV.

Resolução
Dada a energia em megaelétron-volts da partícula α, tem-se que:

$$E = 7,6 \text{ MeV}$$

Dos prefixos do SI, obtém-se:

$$1 \text{ MeV} = 10^6 \text{ eV}$$

Assim:

$$E = 7,6 \cdot 10^6 \text{ eV}$$

E como 1 MeV = 1,602 · 10⁻¹³ J, então:

$$E = 7,6 \cdot 1,602 \cdot 10^{-13} \text{ J} \Rightarrow E = 1,22 \cdot 10^{-12} \text{ J}$$

Um sistema que não será utilizado neste livro, mas é relativamente comum na literatura específica, é o **sistema natural**. Ele define constantes elementares de forma unitária, em geral $\hbar = c = 1$, e expressa a massa valendo-se de leis da física quântica que equivalem tal grandeza. O comprimento e o tempo, fazendo-se uso desse recurso, são dados em unidades de GeV⁻¹ (Williams, 1991).

1.2.3 Termos específicos

Embora alguns termos muito comuns da física nuclear sejam usados à exaustão na química elementar, optamos por retomá-los para consolidar seus significados. Alertamos, porém, que é desaconselhável pular esta seção mesmo estando habituado(a) à química, pois mesclaremos esses conceitos com a linguagem empregada na literatura específica.

O núcleo, parte central, pequena e maciça do átomo, consiste na união de partículas chamadas de **núcleons** (Lilley, 2001). Por conseguinte, chamam-se tanto prótons quanto nêutrons por esse nome, sem distinção. O **número atômico**, simbolizado por Z, corresponde especificamente ao número de prótons no núcleo do átomo. É o principal parâmetro de classificação dos elementos na tabela periódica, sendo, a cada elemento, associado um número inteiro, em razão da indivisibilidade dos prótons (é até possível "quebrar" o próton, mas, nesse caso, não se obtém uma fração dele, mas outras partículas). São exemplos o hidrogênio, com $Z = 1$, o tório, com $Z = 90$ e o urânio, com $Z = 92$.

O **número de massa**, de símbolo A, indica o número de núcleons no átomo – a soma de prótons e nêutrons, portanto. Cada elemento, obrigatoriamente, precisa ter o mesmo número atômico, mas seu número de massa pode variar de acordo com quantos nêutrons seu núcleo possui. É comum também representar **números de**

nêutrons mediante a operação $A - Z$ ou, simplesmente, com o símbolo N.

Um **nuclídeo** é a espécie de átomo com número atômico e número de massa determinados, sendo representada da seguinte forma:

$$^{A}_{Z}\boxed{\text{símbolo do elemento}}$$

Alternativamente, podemos encontrar representações na forma $_Z\square^A$, omitindo o número atômico $^A\square$ ou $\square^A$, uma vez que cada elemento possui um único Z, e o símbolo já o deixa implícito.

Nuclídeos com mesmo número de massa A e diferentes números atômicos Z são denominados *isóbaros*. Nuclídeos diferentes são ainda classificados como *isótonos* quando possuem o mesmo número de nêutrons, mas diferentes números atômicos (Lilley, 2001; Meyerhof, 1967).

Já nuclídeos com mesmo número atômico Z e com diferentes números de massa A são chamados de *isótopos*, os quais, embora tenham grande diferença em suas propriedades nucleares, realizam ligações químicas de forma idêntica. Isso ocorre porque o comportamento químico é o resultado da interação com os elétrons da eletrosfera e não depende necessariamente do número de massa.

Os isótopos apresentam uma nomenclatura-padrão que os descreve de maneira satisfatória para a maioria das aplicações. Em geral, utiliza-se o nome do elemento seguido do número de massa, sendo comum também o uso do símbolo em vez do nome. O isótopo do átomo de urânio que possui $A = 235$, por exemplo, é sugestivamente chamado de *urânio-235*, *U-235* ou ^{235}U.

Alguns poucos isótopos apresentam ainda "nomes populares", como o **trítio**, representado por ^3H, hidrogênio-3, H-3 ou T. Ele possui $Z = 1$ e $A = 3$, tendo, portanto, 1 próton e 2 nêutrons no núcleo ($1 + 2 = 3 = A$). Já o **deutério** pode ser escrito como ^2H, hidrogênio-2, H-2 ou D, e possui $Z = 1$ e $A = 2$ por conter 1 próton e 1 nêutron no núcleo (da mesma forma, $1 + 1 = 2 = A$). O **prótio**, isótopo mais abundante no universo, é representado por ^1H, tendo, portanto, somente 1 próton em seu núcleo e $Z = A = 1$. Logo, o trítio, o deutério e o prótio são isótopos do hidrogênio por apresentarem mesmo $Z = 1$, embora tenham diferentes números de massa.

? O que é

Alguns núcleos dos isótopos também têm nomes específicos: os núcleos do deutério e do trítio são chamados de **dêuteron** e **tríton**, respectivamente. Usando a mesma lógica de batismo, podemos descobrir, retroativamente, a razão de o nome do H-1 ser **prótio**: seu núcleo, por motivos óbvios, acaba sendo o próprio próton.

Figura 1.1 – Representação gráfica dos átomos de três isótopos do hidrogênio: prótio, deutério e trítio

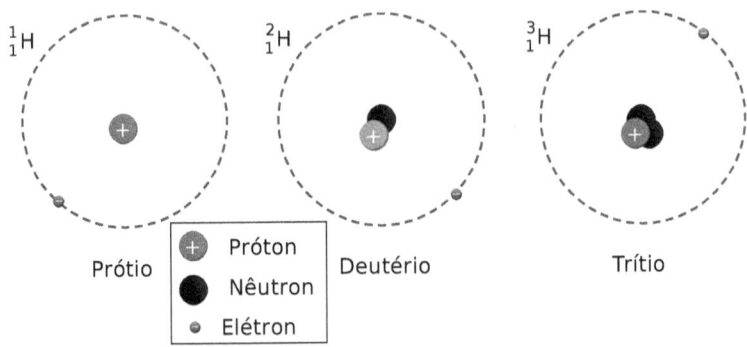

A lista de termos especiais relativas ao estudo do núcleo atômico é infindável. Vai desde nomes emprestados de outras áreas até os de aplicação praticamente exclusiva. Nesta seção, no entanto, ficaremos restritos aos citados, uma vez que outros termos requerem uma compreensão mais ampla da natureza do núcleo atômico, razão pela qual os abordaremos em capítulos posteriores.

1.3 Teoria quântica da física nuclear

Neste ponto, pode ser necessário distinguir algumas áreas da física correlacionadas entre si. É muito comum a confusão desses termos, até mesmo entre pessoas da área. Isso ocorre, principalmente, porque, por vezes, é difícil definir onde começa uma área de estudo e onde termina outra. Não é de surpreender, portanto, encontrar conteúdos de física nuclear em livros de física quântica ou de física de partículas.

Comecemos, então, pelo objeto deste material.

A **física nuclear** é derivada dos estudos da química e da física atômica, tendo seus estudos, por sua vez, gerado a física de partículas (Krane; Halliday, 1988). Como seu nome indica, ela visa estudar os constituintes dos núcleos atômicos, suas interações e suas reações.

Já a **física atômica** se dedica a estudar o comportamento dos átomos, em especial, sua estrutura eletrônica. Ela pode levar em conta, além da carga do núcleo, o *spin* e o momento magnético. A física nuclear, embora estude o núcleo do átomo, pode praticamente ignorar sua eletrosfera.

De criação mais recente, a **física de partículas** foi desenvolvida diretamente com base nos estudos da física nuclear. Seu propósito é determinar as partículas constituintes de prótons e nêutrons. Também denominada *física de altas energias*, pela necessidade de energias elevadas em seus experimentos, apresenta uma classificação própria de partículas chamada de *modelo padrão*, que utiliza também as forças fundamentais da natureza. Nessa área, em razão das dimensões, das energias e das velocidades envolvidas, é preciso acrescentar a teoria da relatividade e a mecânica quântica aos modelos.

Finalmente, a **física quântica** pode ser tomada, basicamente para as aplicações deste escrito, como um mosaico de modelos do mundo microscópico e de aproximações para a aplicação desses modelos.

Antes de prosseguirmos, convém rever duas entidades muito diferentes para a física clássica, mas intimamente ligadas à física moderna: as ondas e as partículas.

1.3.1 Ondas e partículas

Inicialmente, temos de consolidar os importantes conceitos de partícula e de onda, os quais são tomados de empréstimo da física clássica. É comum tratar sobre das partículas no estudo da cinemática, e as ondas são geralmente conceituadas na ondulatória; dessa forma, deixa-se de assinalar suas particularidades dicotômicas. As diferenças entre ondas e partículas se revelam complementares em vários casos, como esquematizamos no Quadro 1.2.

Quadro 1.2 – Comparação entre ondas e partículas

	Ondas	Partículas
Localização	Não são localizadas	Bem localizadas
Interação	Interagem umas com as outras por interferência	Interagem umas com as outras por meio de colisões
Transferência de energia	Transferem energia de forma contínua	Transferem energia de forma abrupta, instantânea

(continua)

(Quadro 1.2 – conclusão)

	Ondas	Partículas
Parâmetros	Comprimento de onda: $$\lambda = \frac{c}{f}$$ (para ondas eletromagnéticas) Frequência: $$\omega = 2\pi f$$ Número de onda: $$k = \frac{2\pi}{\lambda}$$	Posição (r) Velocidade: $$\mathbf{v} = \dot{\mathbf{r}} = \frac{d\mathbf{r}}{dt}$$ Momento: $$\mathbf{p} = m\mathbf{v}$$

Dessa dualidade, decorre a relação de Planck-Einstein, que relaciona a energia do fóton com sua frequência, ou frequência angular[*] ω:

Equação 1.1

$$E = \hbar\omega = hf$$

em que E é a energia, em joules, de um pacote de onda, em geral um fóton, com frequência ω (em radianos por segundo), relacionados por meio da constante de Planck reduzida $\hbar$.

---

[*] É muito comum, no contexto da teoria quântica, o ω (dado em radianos por segundo) ser chamado simplesmente de *frequência*, tal e qual f (dado em hertz). Os dois valores são múltiplos e guardam o mesmo significado físico. Aconselhamos sempre observar as unidades e os símbolos para diferenciá-los.

Consta também uma expressão alternativa, com a frequência f em hertz e a constante de Planck $\hbar$. Da Equação 1.1, deriva a relação de grande importância para o efeito Compton (o qual explicitaremos na Seção 5.1.2), que relaciona o vetor momento **p** ao vetor de onda **k** (tem direção e sentido de propagação da onda, com intensidade igual ao número de onda k) do fóton pela seguinte relação:

Equação 1.2

$$\mathbf{p} = \hbar \mathbf{k}$$

em que p e k são vinculados, mais uma vez, pela constante de Planck $\hbar$.

Ressaltamos que, ao fóton, entendido como onda com frequência e vetor de onda, é atribuída uma característica típica das partículas, o **momento**.

Além disso, há a relação de **De Broglie**, que parte do princípio inverso: partículas em dimensões quânticas têm comprimento de onda proporcional à intensidade de seu momento, propagando-se no mesmo sentido:

Equação 1.3

$$|\mathbf{p}| = \frac{\hbar}{\lambda} = \frac{2\pi\hbar}{\lambda}$$

Nessa equação, há parâmetros aparentemente conflitantes, o momento **p** e o comprimento de onda λ se relacionam com comprovação experimental com base, mais uma vez, da constante de Planck.

Exercício resolvido

Determine o momento e a energia (em MeV) de um fóton de radiação γ com comprimento de onda de 1,7 fm.

Resolução

Dado o comprimento de onda $\lambda = 1{,}7$ fm $= 1{,}7 \cdot 10^{-15}$ m, as constantes de Planck $\hbar = 1{,}05 \cdot 10^{-34}$ J·s e a velocidade da luz $c = 3 \cdot 10^8$ m/s, determinamos, inicialmente, o número de onda:

$$k = \frac{2\pi}{\lambda} = \frac{2\pi}{(1{,}7 \cdot 10^{-15})} \Rightarrow k = 3{,}70 \cdot 10^{15} \text{ m}^{-1}$$

De acordo com a relação de De Broglie:

$$p = \hbar k = (1{,}05 \cdot 10^{-34})(3{,}70 \cdot 10^{15}) \Rightarrow p = 3{,}88 \cdot 10^{-19} \text{ kg·m/s}$$

A frequência é dada por:

$$f = \frac{c}{\lambda} = \frac{(3 \cdot 10^8)}{(1{,}7 \cdot 10^{-15})} \Rightarrow f = 1{,}76 \cdot 10^{23} \text{ Hz}$$

$$\omega = 2\pi f = 2\pi(1{,}76 \cdot 10^{23}) \Rightarrow \omega = 1{,}11 \cdot 10^{24} \text{ rad/s}$$

E, da relação de Planck-Einstein, temos:

$$E = \hbar\omega = (1{,}05 \cdot 10^{-34})(1{,}11 \cdot 10^{24}) \Rightarrow E = 1{,}16 \cdot 10^{-10} \text{ J}$$

Transformando em megaelétron-volts, obtemos:

$$E = \left(1{,}16 \cdot 10^{-10} [\text{J}]\right) \cdot \frac{1[\text{MeV}]}{1{,}602 \cdot 10^{-13}[\text{J}]} \Rightarrow E = 727 \text{ MeV}$$

Enfatizamos que as partículas na física nuclear têm dimensões suficientes para aplicar as leis da física quântica, estando sujeitas à **dualidade partícula-onda**. Dessa forma, é possível usar todo esse ferramental nas análises de fenômenos nucleares.

1.3.2 Função de onda e equação de Schrödinger

Embora haja partículas e ondas classicamente bem distinguíveis, como expresso no Quadro 1.2, os estados das partículas em escala quântica são associados a um único ente, chamado **função de onda**. Representada por Ψ e dependente da posição **r** e do tempo t, ela carrega informações físicas vinculadas a um número infinito de parâmetros por meio de um número complexo.

Vale lembrar que um número complexo é um número composto de parte real e parte imaginária e que se vale da definição da unidade imaginária $i = \sqrt{-1}$. Pode ser escrito na forma cartesiana, na qual a parte imaginária é acompanhada da unidade imaginária:

$$[\text{número complexo}] = [\text{parte real}] + i[\text{parte imaginária}]$$

Também pode ser escrito na notação exponencial, com módulo e argumento, outros dois parâmetros semelhantes ao sistema de coordenadas polares:

$$[\text{número complexo}] = [\text{módulo}]e^{i[\text{argumento}]}$$

Nessa notação, é utilizada a constante de Euler (e = 2,7182...). Esses valores podem ser representados em um "plano complexo", muito semelhante ao plano cartesiano, e fazem parte do conjunto dos números complexos $\mathbb{C}$, ainda mais amplo do que o conjunto dos números reais ($\mathbb{R}$). A interpretação física da função de onda $\Psi(\mathbf{r}, t)$, por ser um número complexo, não é direta. Seu quadrado é $|\Psi(\mathbf{r}, t)|^2 = \Psi^*\Psi$ (dado Ψ^*, o conjugado complexo de Ψ), um número real que pode ser tomado como a densidade de probabilidade de se localizar a partícula em **r** no instante t.

Como para descrever um estado quântico é necessário usar a função de onda, é preciso lançar mão de um modo de obtê-la para cada caso. Classicamente, para determinar um estado de uma partícula, busca-se sua posição, sua velocidade e sua aceleração. Já em dimensões nanométricas ou menores, emprega-se a **equação de Schrödinger**, uma equação diferencial parcial linear que descreve como o estado quântico de um sistema físico evolui no tempo. Tendo um potencial definido em uma dimensão V(x), a equação de Schrödinger é dada por:

Equação 1.4

$$i\hbar \frac{\partial}{\partial t}\Psi(x,t) = -\frac{\hbar^2}{2m}\frac{\partial^2}{\partial x^2}\Psi(x,t) + V(x)\Psi(x,t)$$

Para utilizá-la na determinação da função de onda Ψ, contudo, é necessário estabelecer algumas condições restritivas, ditas **condições de contorno**. Em geral, essas condições são aplicadas nos problemas por meio dos potenciais que restringem os movimentos das partículas, entre outras formas.

Não é escopo deste livro esmiuçar essa equação, o que demandaria um curso específico. Aqui, teremos de nos deter em informar que o termo à esquerda da equação descreve a evolução temporal da função de onda, o termo central corresponde à energia cinética da partícula, e o termo mais à direita aplica o potencial específico do problema.

Nas aplicações que aqui fazemos, seguimos uma mesma lógica: definir um potencial ao qual uma partícula pode acabar sujeita. Os formatos mais comuns incluem um poço quadrado infinito, um poço em forma de parábola (chamado de *oscilador harmônico simples*) ou até um simples degrau. Com base nisso, determinamos as formas de função de onda e as energias correspondentes matematicamente possíveis. Cada forma de onda específica é como uma "assinatura" que a partícula deve ter para permanecer em um estado quântico.

Uma das aplicações mais elementares é a dos estados possíveis de um elétron presente na eletrosfera. Todos os formatos de orbitais estudados na química elementar derivam, justamente, das soluções da equação de Schrödinger para o elétron quando sujeito aos potenciais da eletrosfera. Discutiremos uma aplicação desses potenciais na Seção 2.4, quando tratarmos dos modelos nucleares.

Neles, assume-se que o núcleon fica "confinado" no núcleo em um potencial gerado pelos prótons e nêutrons.

1.3.3 Princípio da incerteza

A dualidade onda-partícula, aliada à percepção da função de onda, pode ser vinculada diretamente ao **princípio da incerteza de Heisenberg**: quanto maior for a incerteza quanto à posição de elétron, por exemplo, mais sua função de onda se parecerá com uma onda plana e menos com uma partícula. Com base em uma análise probabilística, o princípio da incerteza impõe a impossibilidade de se determinarem duas observáveis incompatíveis (que podem ser posição/momento, *spin* em *x*/*spin* em *z*, energia/tempo) de uma partícula de forma exata e simultânea. Em geral, dado o comutador $[\hat{A}, \hat{B}] = \hat{A}\hat{B} - \hat{B}\hat{A}$ de duas observáveis $\hat{A}$ e $\hat{B}$, tem-se:

Equação 1.5

$$\Delta A^2 \Delta B^2 \geq \left(\frac{1}{2i} [\hat{A}, \hat{B}] \right)^2$$

A inequação indica que o produto de duas incertezas observáveis tem um valor máximo $\left(\frac{[\hat{A}, \hat{B}]}{2i} \right)^2$. De forma condensada, as certezas, portanto, não podem ultrapassar um valor fixo, dependendo das observáveis utilizadas. A forma mais comum de aplicar a Equação 1.5 é por uma determinação da posição no eixo *x* e o momento no mesmo eixo:

Equação 1.6

$$\Delta x \Delta p_x \geq \frac{\hbar}{2}$$

Exemplificando

O Gráfico 1.1, a seguir, contém uma representação simplificada de como a incerteza se apresenta nas medições. Nesse exemplo, as incertezas são representadas como larguras de uma gaussiana. Desse modo, Δp_x tem um valor maior e mais incerteza, pois está mais "espalhada", e Δx tem valor menor e menos incerteza, pois está mais "concentrada" em um ponto.

Gráfico 1.1 – Duas funções de onda: uma bem localizada e outra pouco localizada

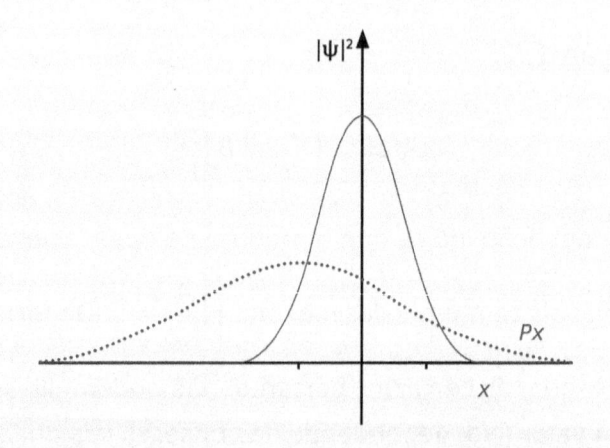

Uma função de onda de momento com maior incerteza, como a curva em linha tracejada no Gráfico 1.1, comporta-se mais com uma onda plana. E uma função de onda com maior certeza é mais localizada e se comporta mais como partícula, como a curva em linha contínua no mesmo gráfico. Buscando-se alcançar uma certeza maior na posição x, obtém-se mais incerteza no momento p_x. Inversamente, medições de momento mais precisas tendem a resultar em medições de posições espalhadas.

Grosseiramente, o que o princípio da incerteza postula é que o produto das larguras das duas curvas não pode passar de certo valor ($\frac{\hbar}{2}$ para essa aplicação). O sinal de $\geq$, presente na Equação 1.6, indica que tanto a posição quanto o momento podem ser incertos, mas a certeza simultânea tem um limite matemático dado pela constante de Planck ($\hbar$).

Uma versão do princípio da incerteza que será aplicado nos modelos de forças fundamentais da natureza na Seção 1.5.1 é a incerteza entre energia e tempo, dada por:

Equação 1.7

$$\Delta E \Delta t \geq \hbar$$

Nessa forma, o princípio de Heisenberg implica que um estado que permanecer por um intervalo de tempo não poderá ter sua energia medida com incerteza menor do que $\Delta E \approx \frac{\hbar}{\Delta t}$. O intervalo de tempo mencionado pode se valer de parâmetros nucleares como o tempo de vida médio ou a meia-vida, que ainda detalharemos (Wong, 2004).

1.4 Núcleons e outras partículas

Embora, hoje, o modelo atômico com um pequeno núcleo, formado por prótons e nêutrons e circundado por elétrons em uma eletrosfera esteja presente logo no início de livros de ciência elementar, a descoberta de tais partículas foi muito menos linear. O nome *próton* foi inicialmente designado para o núcleo do átomo de hidrogênio, sendo posteriormente qualificado como componente fundamental de qualquer átomo. O elétron, por seu turno, foi descoberto muito depois da definição e do uso da corrente elétrica.

Nesta seção, discutimos, mesmo que de forma superficial, as principais partículas que compõem o núcleo do átomo. Por questões didáticas, apresentaremos brevemente alguns conceitos da física de partículas.

1.4.1 Partículas elementares

A física das partículas elementares estuda os mais fundamentais constituintes da matéria e as interações entre eles. Em seu percurso, após novas descobertas, partículas antes consideradas elementares passaram a apresentar seus próprios constituintes. Isso ocorreu com o átomo, cujo nome vem da palavra grega para "indivisível", e que é constituído por elétrons, prótons e nêutrons, como sabido (Braibant; Giacomelli; Spurio, 2009).

As partículas elementares se comportam como um conjunto de peças de montar pouco numeroso, que serve para formar tudo o que conhecemos. Outra analogia é conceber essas partículas como uma dúzia de ingredientes com os quais é possível fazer qualquer receita imaginável, começando pela sopa, passando pelo prato principal e pela sobremesa, até a bebida servida no jantar.

Quando se cria um modelo composto de várias partículas na física clássica, em geral, a primeira ação é nomear cada uma. Em um estudo de colisões de bolas de bilhar, por exemplo, é possível distinguir os constituintes do sistema com base em informações como a numeração impressa em cada bola ou até rotulá-las por suas cores. Desse modo, torna-se possível discutir ações como a colisão da bola branca com a bola azul de forma clássica, definindo a posição, a energia e o momento de cada elemento.

Contudo, em escala quântica, aplicada na física nuclear, as partículas idênticas são consideradas indistinguíveis. Não é possível, portanto, inserir marcações nas bolas de bilhar femtométricas. Empregamos o termo *idênticas* para frisar que dois elétrons, por exemplo, são rigorosamente iguais e não é possível afirmar qual "veio da esquerda" ou qual "veio da direita" após uma colisão. Elétrons e prótons, no entanto, são facilmente distinguíveis, pois apresentam diferentes propriedades.

Eis que as partículas podem ser divididas em diversas classificações, dependendo de seu comportamento em cada caso. Um modo de organização é a separação das partículas com base em seu comportamento coletivo segundo os princípios da física estatística, havendo, então, **bósons** e **férmions**. No Quadro 1.3, especificamos suas principais características e fornecemos alguns exemplos, que serão discutidos na sequência.

Quadro 1.3 – Resumo das características de bósons e férmions

Característica	Bósons	Férmions
Princípio de exclusão de Pauli	Não obedece	Obedece
Função de onda	Simétrica	Antissimétrica
Spin	Inteiro $(0, \pm 1, \pm 2, ...)$	Semi-inteiro $\left(\pm\dfrac{1}{2}, \pm\dfrac{3}{2}, ...\right)$
Estatística regente	Bose-Einstein	Fermi-Dirac
Exemplos	Fóton, gráviton, mésons, mágnon, fônon[*] etc.	Elétrons, prótons, nêutrons, neutrino, múon etc.

[*] Mágnons e fônons são classificadas ainda como **quasipartículas**, uma vez que são construções teóricas desenvolvidas para quantizar, respectivamente, oscilações de *spin* e de vibrações mecânicas na rede cristalina. São especialmente úteis na física da matéria condensada.

Em conformidade com uma das acepções mais elementares da química, a do **princípio de exclusão de Pauli**, partículas como elétrons, prótons ou nêutrons não podem ocupar o mesmo estado quântico. A forma da função de onda da partícula, simétrica ou antissimétrica, determina se ela obedece ou não ao princípio.

Fique atento!

As separações das partículas em grupos podem ser um pouco confusas, de modo que somente um estudo aprofundado em física de partículas pode elucidá-las. Até mesmo a expressão *partículas elementares* é envolvida em controvérsia quanto a sua definição, uma vez que se costuma chamar partículas como prótons e nêutrons de *elementares*, mesmo que já se saiba que são compostos de elementos ainda mais fundamentais, os *quarks*.

Esquematizamos no diagrama da Figura 1.2 informações relevantes sobre as partículas a fim de auxiliar a compreesão de sua variedade e de sua qualidade. Por questões de visualização, foram adicionadas somente algumas partículas, priorizando as comumente envolvidas em processos nucleares.

Figura 1.2 – Classificação de algumas partículas relevantes para a física nuclear

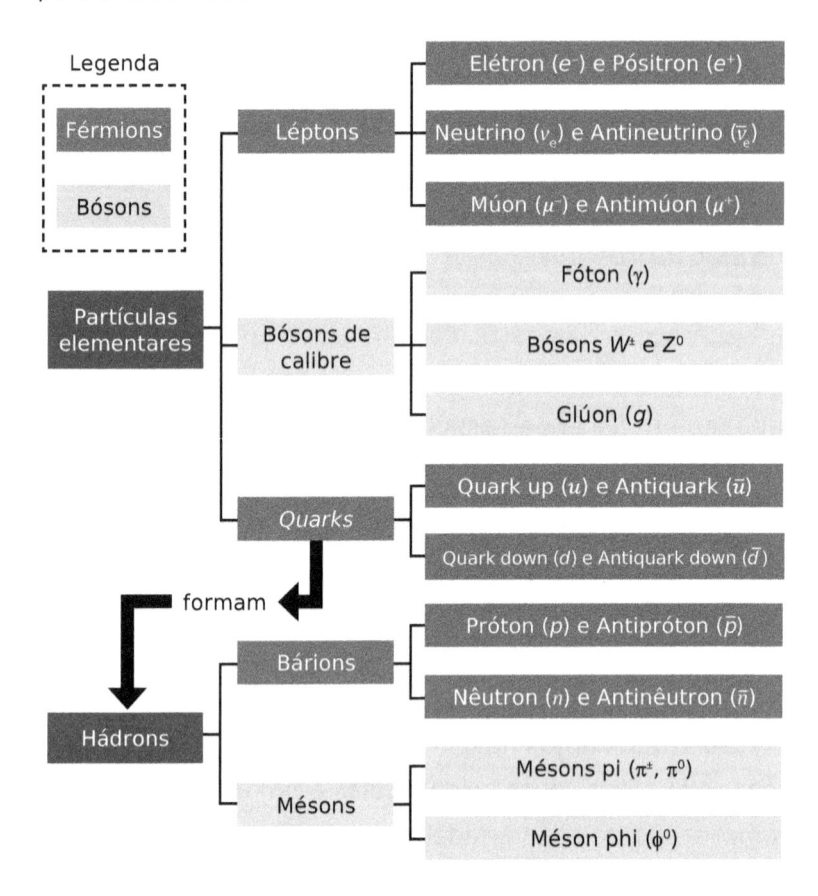

Legenda
- Férmions
- Bósons

Partículas elementares
- **Léptons**
  - Elétron (e^-) e Pósitron (e^+)
  - Neutrino (ν_e) e Antineutrino ($\bar{\nu}_e$)
  - Múon (μ^-) e Antimúon (μ^+)
- **Bósons de calibre**
  - Fóton (γ)
  - Bósons $W^\pm$ e Z^0
  - Glúon (g)
- **Quarks**
  - Quark up (u) e Antiquark ($\bar{u}$)
  - Quark down (d) e Antiquark down ($\bar{d}$)

Quarks formam **Hádrons**:
- **Bárions**
  - Próton (p) e Antipróton ($\bar{p}$)
  - Nêutron (n) e Antinêutron ($\bar{n}$)
- **Mésons**
  - Mésons pi ($\pi^\pm$, π^0)
  - Méson phi (ϕ^0)

Destacam-se as seguintes classificações e especificações relacionados ao *spin* de cada uma:

- **Léptons** – São férmions com *spin* semi-inteiro (de número $\pm\frac{1}{2}$). O elétron, o múon, o tau e os neutrinos incluídos nessa categoria têm antipartículas próprias,

respectivamente o pósitron, o antimúon, o antitau e os antineutrinos.
- **Bósons de calibre** – São bósons com *spin* 1. Os bósons $W^\pm$, Z^0, o glúon e o fóton são considerados antipartículas de si mesmos e responsáveis pela mediação das forças fundamentais, as quais pormenorizaremos na Seção 1.5.
- **Quarks** – São férmions com *spin* semi-inteiro (de número $\pm\frac{1}{2}$). São as únicas partículas sujeitas a todas as forças fundamentais.
- **Hádrons** – São partículas compostas de dois ou mais *quarks* ligados pela força nuclear forte e que, portanto, não podem ser rotuladas como elementares. Podem ser divididas em duas outras classificações:
    - **Bárions** – São hádrons bosônicos compostos de um número ímpar de *quarks*.
    - **Mésons** – São hádrons fermiônicos compostos de um número par de *quarks*.

A Figura 1.3 apresenta a distribuição das partículas elementares no modelo-padrão. Chamamos atenção para o fato de que este não apresenta hádrons (bárions ou mésons), uma vez que eles são compostos de outras partículas. A descrição mostrada tem finalidade semelhante à da tabela periódica para a descrição dos elementos químicos. Todavia, embora tenha alcançado enorme sucesso por prever teoricamente partículas como o bóson de Higgs muitos anos antes de sua confirmação experimental, guarda algumas deficiências. Sua análise é atribuição da física de partículas, da qual destacaremos somente as partículas relevantes para as emissões e as reações nucleares.

Figura 1.3 – Modelo-padrão das partículas elementares

Quarks	UP — mass 2,3 MeV/c^2 — charge ⅔ — spin ½ — u	CHARM — 1,275 GeV/c^2 — ⅔ — ½ — c	TOP — 173,07 GeV/c^2 — ⅔ — ½ — t	Glúon — 0 — 0 — 1 — g	Bóson de Higgs — 126 GeV/c^2 — 0 — 0 — H
	DOWN — 4,8 MeV/c^2 — -⅓ — ½ — d	STRANGE — 95 MeV/c^2 — -⅓ — ½ — s	BOTTOM — 4,18 GeV/c^2 — -⅓ — ½ — b	Fóton — 0 — 0 — 1 — γ	**Bósons**
Léptons	Elétron — 0,511 MeV/c^2 — -1 — ½ — e	Múon — 105,7 MeV/c^2 — -1 — ½ — μ	Tau — 1,777 GeV/c^2 — -1 — ½ — τ	Bóson Z — 91,2 GeV/c^2 — 0 — 1 — Z	**de calibre**
	Neutrino do elétron — <2,2 eV/c^2 — 0 — ½ — v_e	Neutrino do múon — <0,17 MeV/c^2 — 0 — ½ — v_μ	Neutrino do tau — <15,5 MeV/c^2 — 0 — ½ — v_τ	Bóson W — 80,4 GeV/c^2 — ±1 — 1 — W	

Designua/Shutterstock

Curiosidade

Um grande expoente da física de partículas no Brasil foi o curitibano César Mansueto Giulio Lattes. Nascido em 11 de julho de 1924 na capital paranaense, o físico foi o codescobridor do méson-pi, que rendeu o Prêmio Nobel de física em 1950 ao líder da pesquisa, Cecil Frank Powell. Lattes foi o principal pesquisador e o primeiro autor do artigo publicado na revista, mas, à época, o comitê responsável por conceder o Nobel tinha como critério premiar o líder do grupo de pesquisa. Se seguidos os requisitos hoje adotados, Lattes teria sido agraciado, em vez de Powell. A plataforma utilizada pelo Conselho Nacional de Desenvolvimento Científico e Tecnológico (CNPq) para cadastro de pesquisadores, cientistas e estudantes foi batizada como *Plataforma Lattes* em sua homenagem (Vieira, 2019). Lattes morreu em 8 de março de 2005 em Campinas (SP), aos 80 anos, em decorrência de uma parada cardíaca.

1.4.2 Diagramas de Feynman

O estudo de fenômenos da física na escala nuclear são muito facilitados pela utilização de um artifício desenvolvido pelo físico estadunidense Richard Feynman (1918-1988). Suas representações gráficas elaboradas para descrever fenômenos eletromagnéticos são, por isso, chamadas de **diagramas de Feynman**. Desenvolvidos inicialmente para estudos de eletrodinâmica quântica, os diagramas são ostensivamente usados na física do estado sólido, na mecânica estatística e na cromodinâmica quântica.

O elemento básico de sua construção é um vértice, conforme representado na Figura 1.4, em que energia, momento e carga elétrica são conservados. Embora todos os diagramas tenham a mesma premissa de apresentar os fenômenos em plano espaço-tempo, não há um consenso quanto à posição dos eixos. Os dois modos mais comuns para a passagem do tempo são de baixo para cima ou – o que adotamos aqui – da esquerda para a direita. Na Figura 1.4, em (a), um elétron segue, da esquerda para a direita, emitindo um fóton γ, alterando sua direção; e, em (b), está ilustrada a interação entre dois *quarks up* u mediada por um glúon g.

Figura 1.4 – Diagramas de Feynman da emissão de um fóton γ por um elétron e^- (a); e troca de um glúon g em uma interação entre dois *quarks up* (b)

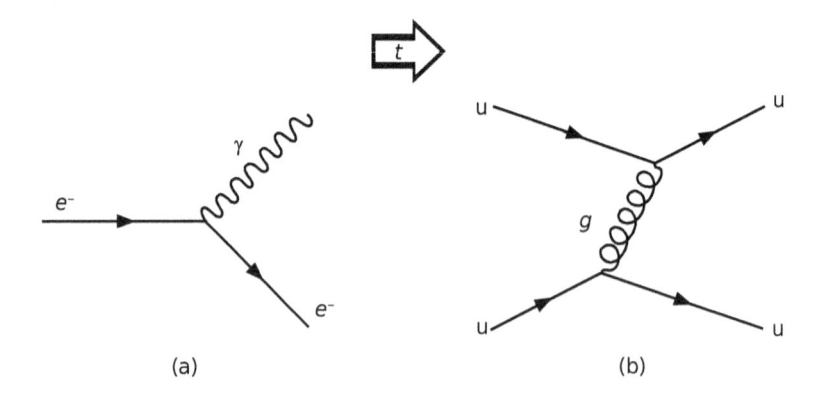

Nota: A seta indica o sentido da passagem do tempo.

Outros padrões, em geral, são seguidos em sua construção sem mostrar, entretanto, rigor em sua aplicação. Áreas diferentes da física podem assumir convenções distintas; assim, em outras obras podem ser encontradas outras alterações. Todavia, na maioria das vezes, as considerações a seguir são válidas:

- **Linhas retas sólidas com setas no sentido positivo do eixo temporal** são utilizadas para representar férmions se propagando, ao passo que setas em sentido contrário do eixo são utilizadas para representar suas antipartículas. Convém esclarecer que as setas não indicam o sentido da propagação, mas se o férmion é uma partícula ou uma antipartícula.
- **Linhas onduladas, espiraladas ou tracejadas** são usadas para representar bósons. Há a tendência de se utilizar linhas onduladas para fótons, espiraladas para glúons e tracejadas para bósons de Higgs, e o desenho das demais pode variar bastante na literatura.
- **Linhas com pontas que não terminam em vértices** representam partículas livres (reais) participando do fenômeno.
- **Linhas internas ou que ligam dois vértices**, em geral, representam partículas virtuais. É o caso, por exemplo, do glúon da Figura 1.4a. As exceções referem-se a reações com partículas muito instáveis, que decaem quase instantaneamente após sua criação.
- A orientação temporal das linhas internas, representando partículas virtuais, portanto, não é relevante.
- É comum rotular as partículas com seu momento, sendo possível adicionar outros parâmetros como o *spin*, caso seja necessário.

1.4.3 Hádrons nucleares

A composição do núcleo é de, basicamente, dois hádrons fermiônicos – **prótons** e **nêutrons** –, os quais pormenorizaremos nesta seção. Embora se possa admitir que prótons e nêutrons são dois aspectos diferentes da mesma partícula (Wong, 2004), por terem várias propriedades em comum. A principal diferença entre eles recai em propriedades eletromagnéticas: carga elétrica e momento de dipolo magnético.

A massa dos nêutrons, como se sabe, é $m_n = 1,6749 \cdot 10^{-27}$ kg, ou $939,57$ MeV/c². Já o próton tem massa $1,6726 \cdot 10^{-27}$ kg, ou $m_p c^2 = 938,27$ MeV/c² (Cottingham; Greenwood, 2001). Essa ínfima diferença da massa entre os núcleons é evidente, com uma variação centesimal (sendo, ainda assim, mais do que o dobro da massa do elétron). Essa variação entre massas é de extrema importância, ainda mais do que os valores das próprias massas: de acordo com a relatividade especial, uma redução de massa em certo sistema pode indicar aumento de energia – base de reações nucleares em usinas, por exemplo.

Mais uma característica comum aos dois núcleons é o *spin*: em ambos, a projeção de seus momentos angulares em uma direção qualquer pode apresentar somente os valores de $+\frac{\hbar}{2}$ ou de $-\frac{\hbar}{2}$. Por terem *spin* semi-inteiro, como já enunciamos, são classificados como *férmions* e devem obedecer ao princípio de exclusão de Pauli.

Ambos os núcleons são compostos de três *quarks* cada: o próton, por dois *quarks up* e um *quark down*, e o nêutron, por dois *quarks down* e um *quark up*. Essa pequena diferença permite a transformação de um núcleon no outro, muito comum em emissões radioativas, que exploraremos na Seção 3.4. Todavia, de modo geral, suas constituições podem ser ignoradas na física nuclear, possibilitando tratar esses hádrons, na maior parte do tempo, como partículas elementares (Basdevant; Rich; Spiro, 2006).

Embora os dois núcleons sejam (geralmente) estáveis dentro do núcleo atômico, somente os nêutrons são instáveis quando livres. Eles apresentam um tempo de vida médio de pouco menos de 15 minutos, emitindo um elétron, um neutrino e, muito eventualmente, um fóton.

1.4.4 Léptons de origem nuclear

Para começar esta seção, recorremos a um axioma já muito discutido: não pode haver léptons no núcleo. Uma das razões para isso ocorrer é que eles não são sujeitos à força forte, principal fator envolvido na coesão nuclear, o que detalharemos na próxima seção. Como esclareceremos adiante, isso significa que os léptons não estão sujeitos à força que mantém os núcleons agrupados e são comumente ejetados assim que surgem em reações nucleares. Ainda em comum, eles têm o *spin* ½, o que implica que são todos férmions. Discutiremos algumas particularidades a seguir, embora restritas ao contexto da física nuclear.

Os **elétrons** (e⁻), descobertos por J. J. Thomson em 1897, são partículas elementares cujas propriedades, esmiuçadas à exaustão, incluem o já citado *spin* ½, além de sua carga elétrica, sua massa e seu momento magnético; respectivamente:

$$q_e = -1,60 \cdot 10^{-19} \text{ C}$$
$$m_e = 9,11 \cdot 10^{-31} \text{ kg} = 0,511 \text{ MeV}/c^2$$
$$\mu_e = 1,001 \mu_B$$

Já suas antipartículas, os **pósitrons** (e⁺), foram descritos por Paul Dirac em 1928 e observados experimentalmente por Carl D. Anderson (1905-1991) em 1932. Apresentam carga elétrica positiva com mesmo valor absoluto do elétron ($q_{pósitron} = +1,60 \cdot 10^{-19}$ C), tendo a massa, o momento magnético e o *spin* rigorosamente iguais. Os pósitrons fazem parte do conceito das antipartículas, com os antiprótons e os antinêutrons, que, em conjunto, poderiam dar origem à famosa antimatéria.

Batizados pelo físico italiano Enrico Fermi (1901-1954) – que chamou as novas partículas de *neutrinhos* em sua língua materna –, os **neutrinos** apresentam três subclassificações possíveis, ou, mais especificamente, "sabores", segundo a física de partículas: (1) o **neutrino do elétron** (v_e), (2) o **neutrino do múon** (v_μ) e (3) o **neutrino do tau** (v_τ), assim descritos por participarem somente de interações com seus respectivos "parceiros", o elétron, o múon e o tau. Além disso, cada um apresenta uma antipartícula específica: o antineutrino do elétron ($\bar{v}_e$), o antineutrino do múon ($\bar{v}_\mu$) e o antineutrino do tau ($\bar{v}_\tau$). Com carga nula, sua massa é tão pequena – centena de vezes menor do que a do elétron – que sua existência e seu valor são discutidos até hoje. Os neutrinos foram postulados em 1930 por Wolfgang Pauli (1900-1958) para explicar o decaimento β, uma vez que as partículas emitidas por esse tipo de fenômeno não conservam energia ou momento em dados experimentais. A dificuldade de desenvolver os processos e as tecnologias para sua detecção levaram a uma espera de 25 anos para sua comprovação experimental.

1.5 Forças nucleares

Para elucidar o comportamento dos núcleons, o qual é basilar para compreender fenômenos como a emissão de partículas α ou a fissão nuclear, é preciso discutir as forças de interação de todas as partículas nucleares. Em uma perspectiva macro, no estudo da mecânica, as forças são classificadas por sua aplicação: força normal, força de tração e força de atrito são algumas, mas a lista é infindável. Tais interações, contudo, são resultados de um efeito em larga escala de pequenas forças fundamentais: a força normal, por exemplo, resulta das forças de ligação entre as moléculas, impedindo o rompimento do material; as forças de ligação entre as moléculas;

por sua vez, vêm das forças de ligação entre os átomos, diminuindo em escala até chegar às interações mais elementares.

1.5.1 Forças fundamentais da natureza

Agora, vale emprestar da física de partículas os principais conceitos das quatro forças fundamentais da natureza. O Quadro 1.4 apresenta suas características mais marcantes: o bóson mediador da interação, a intensidade comparada com a força gravitacional e a teoria regente.

Quadro 1.4 – Forças da natureza comparadas

Força	Intensidade comparada	Teoria quântica	Bóson mediador
Forte	10^{43}	Cromodinâmica	Glúon
Eletromagnética	10^{40}	Eletrodinâmica	Fóton
Fraca	10^{29}	Flavordinâmica	$W^{\pm}$ e Z^0
Gravitacional	1	Geometrodinâmica	Gráviton

Fonte: Griffiths, 1987, p. 55, tradução nossa.

Em português, por questões de tradução, há a **força forte** (*strong force*) e a **força fraca** (*weak force*), além das já muito usadas força eletromagnética e força gravitacional. As teorias referentes às interações vão desde a consagrada eletrodinâmica até as incipientes flavordinâmica quântica e geometrodinâmica quântica.

A **força eletromagnética** é a mais conhecida, por se manifestar macroscopicamente nas conhecidas leis de Coulomb e da força magnética. Ela atua infinitamente, em razão da massa nula do fóton, sua partícula mediadora.

A ***força forte*** recebe esse nome por ser muito mais intensa do que a força eletromagnética em curtas distâncias, mais especificamente na faixa de unidades de fermis (Basdevant, Rich; Spiro, 2006). É ela que mantém os *quarks* unidos, formando, assim, os nêutrons e os prótons, além de apresentar maior contribuição para garantir a coesão dos núcleos atômicos. É o equilíbrio entre as forças eletromagnética e forte que assegura a integridade do átomo.

Embora não tenha intensidade suficiente para participar da ligação entre os núcleons, a **força fraca** está envolvida com a forma mais comum de radioatividade, o decaimento β, a qual detalharemos na Seção 3.4. Os léptons não sujeitos à força nuclear forte, como os elétrons, os pósitrons, os neutrinos do elétron ou os antineutrinos do elétron, são exemplos de partículas nas quais a força nuclear fraca é relevante (Basdevant; Rich; Spiro, 2006). Suas partículas mediadoras, os bósons $W^{\pm}$ e Z^0, têm massa na ordem de 80 GeV e, por isso, o alcance dessa interação é de apenas 0,001 fm.

Atualmente, não há uma teoria quântica que explica de forma satisfatória a gravidade (Braibant; Giacomelli; Spurio, 2009), uma vez que, embora atue infinitamente, a **força gravitacional** é muito pequena comparada às demais forças fundamentais. Todavia, em escalas planetárias ou superiores, ela exerce papel essencial na formação de planetas, galáxias e outros aglomerados.

Ao serem consideradas, entretanto, escalas subatômicas, a gravidade torna-se desprezível quando comparada às outras forças.

Exemplificando

A Figura 1.5 apresenta os diagramas de Feynman com as aplicações de três **bósons mediadores**, em que a interação via gráviton foi deliberadamente excluída por envolver uma partícula ainda teórica e pouco aplicável. Em (a), a força eletromagnética entre dois elétrons e^- é realizada pela troca de um fóton γ. Em (b), a força fraca relaciona-se com a emissão de um bóson W^-, que decai em um elétron e em um antineutrino (observe a seta invertida em $\bar{v}_e$ por se tratar de uma antipartícula). Em (c), a força forte entre dois *quarks*, *up* u e *strange* s, é mediada pela troca de um glúon g.

Figura 1.5 – Diagramas de Feynman: (a) força eletromagnética entre elétrons mediada por fóton γ; (b) decaimento de nêutron associado à força fraca com emissão de um bóson W^- virtual; e (c) força forte entre *quarks* mediada por glúon *g*

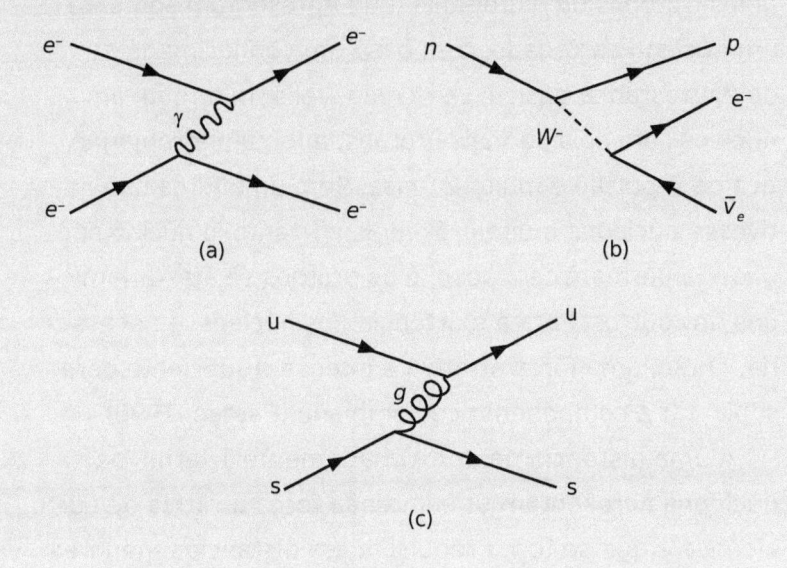

O conhecimento da natureza das forças elementares é de grande importância para a compreensão dos mecanismos mais básicos da física nuclear. Para ilustrar esse assunto, fecharemos esta seção com uma analogia: a radioatividade ocorre por causa da vitória da força eletromagnética em um duelo com a força nuclear forte (Damasio; Tavares, 2017).

1.5.2 A força nuclear

Os núcleos, como expresso à exaustão, são formados por prótons com carga positiva e nêutrons sem carga. Exceto pelos isótopos do hidrogênio, que apresentam somente um núcleon carregado, com base em conhecimentos de eletrostática básica, seria razoável admitir que, em núcleos com dois ou mais prótons, a força eletromagnética de repulsão é muito intensa. Sem uma força que mantivesse núcleons muito próximos, portanto, o núcleo não poderia permanecer coeso, e os prótons se afastariam uns dos outros. Para a existência dos núcleos, é necessária, então, uma força atrativa e intensa o suficiente para suplantar a componente coulombiana (Casten, 1990).

A uma distância de aproximadamente 1 fermi, os núcleons apresentam uma intensa força atrativa de curto alcance e que se torna repulsiva em distâncias menores do que 0,5 fm (Krane; Halliday, 1988): a **força nuclear**. A princípio independente da carga elétrica, ela pode se manifestar em algumas partículas mais exóticas; porém, como estamos nos concentrando nos núcleons, assumamos que seus partícipes são apenas nêutrons e/ou prótons (Krane; Halliday, 1988),

Com proeminência da força forte, a força nuclear é composta de diversas contribuições. Mesmo que em menor proporção, aparecem termos condicionados ao alinhamento dos *spins*, até com uma componente não radial dependente do alinhamento dos *spins* relativamente à linha que une os dois núcleons interagentes

(Gautreau; Savin, 1999). Desse modo, a força nuclear pode ser mais ou menos intensa se os *spins* dos núcleons estiverem paralelos ou antiparalelos entre si.

A estrutura do núcleo só se mantém em razão de sua existência (Casten, 1990), mas a força nuclear não se manifesta em escala macroscópica e pode ser, dessa forma, um pouco difícil de ser percebida. Em fenômenos atômicos ou moleculares, ela se torna desprezível, tornando-se praticamente nula em distâncias maiores do que 3 ou 4 fm. A título de comparação, a distância do raio atômico de Bohr é de mais de 50 000 fm. Isso significa, portanto, que, para interagir via força forte com um núcleon, uma partícula deve estar mais de 10 mil vezes mais próxima do núcleo do que da eletrosfera.

Outro ponto interessante a respeito da força nuclear diz respeito a um aspecto presente na física de partículas. A região de atuação na faixa de unidades de fermis pode ser deduzida da troca virtual de partículas das interações fundamentais. De acordo com o princípio da incerteza de Heisenberg para a energia e o tempo, visto na Seção 1.3.3, há somente uma quantidade finita de tempo no qual a troca pode ocorrer. Isso correlaciona a massa/energia da partícula trocada com o alcance da força: quanto mais "leve" (e menor energia ΔE) uma partícula de troca for, por mais tempo Δt ela poderá existir, permitindo uma interação a um alcance maior (Casten, 1990).

No modelo de interação da física de partículas, a força elétrica, por exemplo, é mediada por um fóton, partícula elementar de massa nula e, por conseguinte, com alcance infinito. Já a força nuclear aplicada a esse mesmo modelo, por causa da conservação de partículas elementares, precisa ser mediada por um hádron com massa não nula: o méson-pi (formado por um *quark* associado a um *antiquark*). A Figura 1.6 apresenta dois diagramas de Feynman da interação entre um próton *p* e um nêutron *n*. Em (a), as trocas de glúons mediadores da força nuclear forte (linhas espiraladas) indicam um emaranhado de forças fundamentais agindo diretamente nos *quarks* que compõem os núcleons (u e d). Já (b) apresenta a mesma interação em um âmbito mais amplo, sendo possível conceber o mesmo fenômeno como uma troca de um méson pi (π^0) entre um próton (*p*) e um nêutron (*n*).

Figura 1.6 – Diagramas de Feynman indicando (a) a força nuclear forte entre *quarks* (linhas cheias) mediadas por glúons (linhas espiraladas) na força entre núcleons; e (b) utilizando hádrona

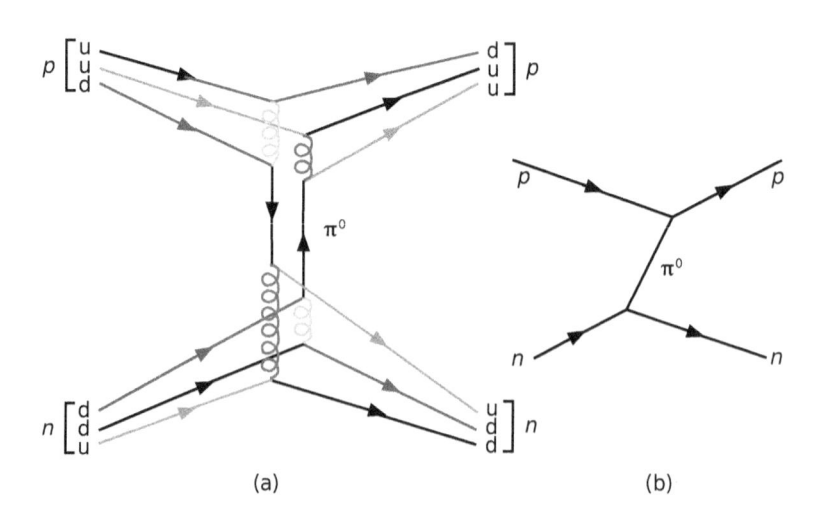

Com uma massa de aproximadamente 138 MeV/c^2 e uma consequente energia de ΔE = 138 MeV, a interação com essa partícula resulta em um limite máximo de tempo dado pelo princípio da incerteza de $\Delta t \leq \dfrac{\hbar}{\Delta E} = \dfrac{\hbar}{138\,\text{MeV}}$. Como a distância que a partícula percorre não pode ultrapassar a velocidade da luz c, seu valor deve obedecer a:

$$r = c\Delta t \leq c\dfrac{\hbar}{\Delta E} = \dfrac{(3\cdot 10^8)\cdot(1,05\cdot 10^{-34})}{(138\cdot 10^6)\cdot(1,602\cdot 10^{-19})} \Rightarrow r < 1,43\text{ fm}$$

em que a energia foi multiplicada pela carga elementar ($e = 1,602\cdot 10^{-19}$ C), para ajustar as unidades; e foi retirada, "à força", a igualdade, porque o méson tem massa e não pode atingir c. O alcance r, nesse caso, coincide com o esperado para a interação dos núcleons, entre 1 e 2 fm.

Para saber mais

OS SIMPSONS. Criador: Matt Groening. Estados Unidos: Gracie Films; 20th Century Fox Television; Klasky Csupo; Film Roman; The Walt Disney Company, 1989-. 740 episódios.

Para observar com outros olhos o impacto das usinas nucleares no cidadão comum, o seriado "Os Simpsons" mostra, em suas primeiras cinco temporadas, como vive uma família de classe média estadunidense no início dos anos 1990. Embora se trate de uma animação com óbvios exageros, é possível se divertir ao constatar que a vida na cidade gira em torno da usina nuclear, onde trabalha o chefe da família (Homer, inspetor de segurança na usina); alguns elementos ligados ao local são o time de *baseball* da cidade (os isótopos), o super-herói inspirado no tema (o Homem Radioativo) e até o absurdo peixe com três olhos.

RADIOACTIVE. Direção: Marjane Satrapi. Estados Unidos: Netflix, 2019. 110 min.

Filme recente e extremamente didático, conta a história da física e química polonesa Marie Curie. É uma ótima oportunidade de conhecer melhor a vida dessa importante cientista, assim como a de Pierre Curie, Irene Curie, Paul Langevin e outros, que também são apresentados ao longo da história.

Síntese

Neste capítulo, apresentamos brevemente o histórico da física nuclear, no qual foi possível compreender como foram obtidos os primeiros resultados da área. Explicitamos a teoria quântica da física nuclear, e abordamos as contribuições de físicos como Planck e Heisenberg para a modelagem de sistemas nucleares. Na sequência, exploramos unidades, constantes e termos fundamentais presentes na física nuclear, por meio dos quais foi possível compreender e aplicar termos técnicos e valores específicos da área. Depois, diferenciamos os mais diversos tipos de partículas em escala nuclear, destacando as mais relevantes para nossas análises. Finalmente, completamos com as forças nucleares, quando discutimos as forças elementares da natureza e as aplicamos ao contexto do núcleo atômico.

Questões para revisão

1) Leia o texto a seguir:

> Marie Curie, cujo nome de nascimento era Maria Salomea Skłodowska, morreu, em 1934, de uma anemia aplásica, um tipo raro de anemia que provavelmente resultou de sua frequente exposição ao rádio e ao polônio – dos quais costumava carregar amostras em seu bolso.
>
> Dessa forma, qualquer objeto relacionado a ela e que ainda é mantido deve ser guardado com precauções extras e em caixas de chumbo, incluindo o próprio corpo da cientista, o primeiro de uma mulher a ser sepultado, por seus próprios méritos, no Panteão de Paris, o célebre mausoléu das glórias da França.
> (Marie..., 2021)

A respeito de Marie Curie e de outros pioneiros da física nuclear, analise as afirmativas a seguir.

I) A descoberta dos raios X por Wilhelm Röntgen, em 1895, marcou o início da física nuclear.
II) Henri Becquerel foi o descobridor da radioatividade natural em 1896.

III) Marie Curie e seu esposo, Pierre Curie, identificaram o rádio e o polônio, dois elementos radioativos.

Agora, assinale a alternativa que indica somente a(s) afirmativa(s) correta(s):

a) II.
b) II e III.
c) I, II e III.
d) I e II.
e) I e III.

2) Leia o texto a seguir:

Fissão é o processo de forçar a divisão de um átomo para formar dois outros, mais leves [...]. A fissão ocorre na natureza a temperatura e pressão ambientes – como as minas de urânio do Gabão, que funcionaram como um reator natural de fissão há 2 bilhões de anos. Há teorias de que a fusão também possa ser realizada a frio, mas elas ainda são consideradas especulação. (Bianchin, 2009)

A fissão de um único átomo de urânio-235 usado em usinas nucleares gera, aproximadamente, 202,5 MeV de energia. Determine esse valor em joules.

3) Leia o texto a seguir:

Gamagrafia significa impressão de radiação gama em filme fotográfico. Os fabricantes de válvulas a utilizam na área de Controle da Qualidade, para verificar se há defeitos ou rachaduras no corpo das peças. Usa-se também a gamagrafia para inspecionar a qualidade das soldas, parte de navios, componentes de aviões, como motores, asas etc. As empresas de aviação fazem inspeções frequentes nos aviões, para verificar se há fadiga nas partes metálicas e soldas essenciais sujeitas a maior esforço (por exemplo, nas asas e nas turbinas) usando a técnica. Num processo de inspeção radiográfica, os raios-x ou gama atravessam a peça. Uma parte da radiação é absorvida, e a restante vai impressionar um filme fotográfico, onde se pode visualizar toda a estrutura interna do corpo de prova ou parte dela. (Gamagrafia..., 2011)

Determine a energia (em MeV) e o momento de um fóton de raios γ com comprimento de onda 3,2 fm que atinge uma peça de avião sob inspeção de gamagrafia.

4) Leia o texto a seguir.

Quem já ingressou no universo acadêmico provavelmente ouviu falar sobre a Plataforma Lattes, que reúne currículos de pesquisadores e professores brasileiros e estrangeiros que atuam no país. O que muitos podem não saber é que o programa foi batizado em homenagem ao cientista curitibano César Mansueto Giulio Lattes.

O físico tornou-se conhecido por descobrir a partícula subatômica méson pi (píon), que rendeu o Prêmio Nobel de Física – e uma posterior controvérsia – ao norte--americano Cecil Frank Powell, em 1995. (Marasciulo, 2020)

Com base em seu conhecimento a respeito do méson--pi e de outras partículas elementares importantes para a física nuclear, analise as afirmativas a seguir e a relação proposta entre elas.

I) Os prótons, os nêutrons e os mésons não podem ser considerados partículas elementares,

PORQUE

II) hádrons são formados por outras partículas, os *quarks*, de fato, elementares.

A respeito dessas proposições, é correto afirmar que:

a) I e II são verdadeiras, e a II justifica a I.
b) I e II são verdadeiras, mas a II não justifica a I.
c) I é verdadeira, e II é falsa.
d) I é falsa, e II é verdadeira.
e) I e II são falsas.

5) Leia o texto a seguir.

As interações fundamentais são caracterizadas com base em quatro critérios: os tipos de partículas que experimentam a força, a intensidade relativa da força, o alcance sobre o qual a força é efetiva e a natureza das partículas que mediam a força. De modo geral, todas interagem em pequena ou larga escala umas com as outras, mas nem todas são visíveis a olho nu. (Viggiano, 2020)

A respeito das forças fundamentais da natureza, assinale a alternativa **incorreta**:

a) A força eletromagnética se manifesta macroscopicamente nas conhecidas leis de Coulomb e da força magnética.

b) A *força forte* recebe esse nome por ser muito mais intensa do que a força eletromagnética em curtas distâncias, mais especificamente na faixa de poucos fermis.

c) A força fraca mantém os *quarks* unidos, formando os nêutrons e os prótons, além de apresentar maior contribuição para manter a coesão dos núcleos atômicos.

d) A força gravitacional é muito pequena em intensidade quando comparada às demais forças fundamentais.

e) A força nuclear não é uma força fundamental, pois é composta de diversas contribuições das forças fundamentais, especialmente da força forte.

Questões para reflexão

1) O filme *Radioactive*, de 2019, dirigido por Marjane Satrapi e estrelado por Rosamund Pike, apresenta a importância do trabalho da física e química polonesa naturalizada francesa Marie Curie por meio de uma

competente dramatização. Realize uma leitura crítico-científica do filme, listando pontos históricos e científicos importantes abordados na obra e confronte-os com registros históricos e com os conhecimentos de física discutidos neste capítulo.

2) Pesquise a respeito do acelerador Sirius, do Laboratório Nacional de Luz Síncrotron, em Campinas (SP). Avalie as faixas de energia disponíveis e verifique se elas se aplicam à pesquisa na física nuclear.

Propriedades e estrutura do núcleo

2

Conteúdos do capítulo

- Propriedades do núcleo.
- Momento angular e de *spin*.
- Modelo da gota líquida.
- Modelo de camadas (*shell model*).
- Outros modelos nucleares.

Após o estudo deste capítulo, você será capaz de:

1. discutir as principais propriedades do raio e da densidade, além da energia de ligação e da massa do núcleo;
2. citar e explanar as principais características magnéticas do núcleo atômico;
3. aplicar o modelo da gota líquida no núcleo;
4. aplicar o modelo de camadas do núcleo;
5. descrever detalhadamente outros modelos do núcleo.

2.1 Propriedades do núcleo

A determinação do raio atômico foi resultado de uma longa e árdua jornada, e até mesmo o modelamento do átomo foi sendo elaborado paulatinamente. A Figura 2.1 apresenta os já consagrados modelos atômicos. Nela, está evidenciado que a descoberta do elétron ocorreu somente com o modelo de 1897; o conceito do núcleo pequeno, maciço e positivo, só foi introduzido com o modelo de 1911; e os núcleons só foram completamente conhecidos em 1932.

A concepção da distribuição da densidade do átomo mudou, dessa forma, radicalmente, do modelo de pudim de passas para o modelo planetário, passando de uma possível densidade aproximadamente constante para uma concentração altíssima central com muito espaço vazio.

Figura 2.1 – Modelos atômicos

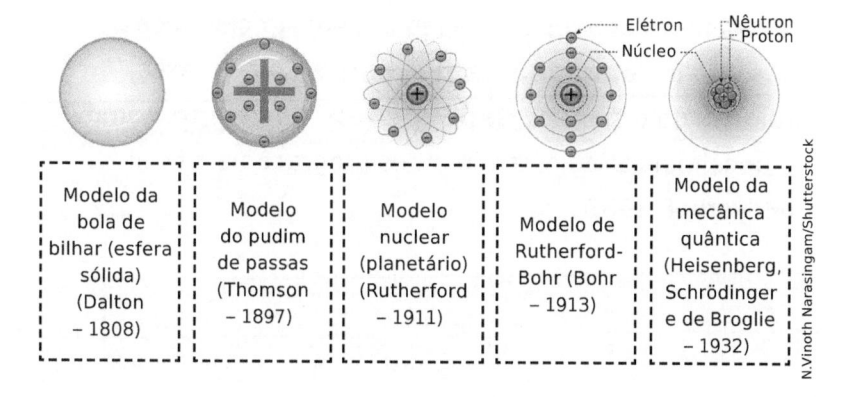

Modelo da bola de bilhar (esfera sólida) (Dalton – 1808)	Modelo do pudim de passas (Thomson – 1897)	Modelo nuclear (planetário) (Rutherford – 1911)	Modelo de Rutherford-Bohr (Bohr – 1913)	Modelo da mecânica quântica (Heisenberg, Schrödinger e de Broglie – 1932)

N.Vinoth Narasingam/Shutterstock

Mas se engana quem pensa que os modelos mais antigos estão superados e não podem ser utilizados. O modelo de Dalton ainda é empregado satisfatoriamente, por exemplo, na determinação do fator de empacotamento atômico no estudo de materiais. Em algumas ligações químicas, até mesmo o modelo de Thomson pode ser aplicado: uma vez que a estrutura interna é irrelevante para ligações químicas, basta tomar o átomo como uma massa positiva e manipular somente os elétrons.

O modelo de Bohr proporcionou alguns parâmetros que são usados nos mais variados contextos. Com base em sua concepção, foi obtida uma constante que serve como base para a determinação dos raios atômicos, o **raio de Bohr**:

$$a_0 = \frac{4\pi\varepsilon_0 \hbar^2}{m_e e^2} = 0{,}529177 \text{ Å} = 52917{,}7 \text{ fm}$$

em que $1 \text{ Å} = 1 \cdot 10^{-10}$ m.

As propriedades do núcleo podem ser classificadas em: **independentes do tempo**, como massa, raio, carga e *spin*; ou **dependentes do tempo**, como o decaimento radioativo e a desintegração artificial (Meyerhof, 1967).

Na seção que segue, discutiremos as propriedades estáticas do núcleo. E nas subseguintes, detalharemos as propriedades dinâmicas do núcleo (Krane; Halliday, 1988).

2.1.1 Coesão do núcleo

Para manter os núcleons unidos, como expusemos na Seção 1.5, é necessária a ação da força nuclear. Nos núcleos estáveis mais leves, a distribuição é mais simples e o número de nêutrons é aproximadamente igual ao de prótons. Conforme se avança na tabela periódica, contudo, os isótopos apresentam mais estabilidade para um número de nêutrons maior do que o de prótons.

Apresentamos a seguir um gráfico de nuclídeos, em que cada ponto representa, como o nome revela, um nuclídeo de um elemento químico com seu modo de decaimento mais provável. Observe que, do ponto de vista do decaimento, o gráfico é ainda mais completo do que a tabela periódica, uma vez que mostra todos os isótopos conhecidos de cada elemento. Aqui, os isótopos são vizinhos verticalmente, e os isótonos, horizontalmente.

Gráfico 2.1 – Nuclídeos mostrando os modos de decaimento mais prováveis

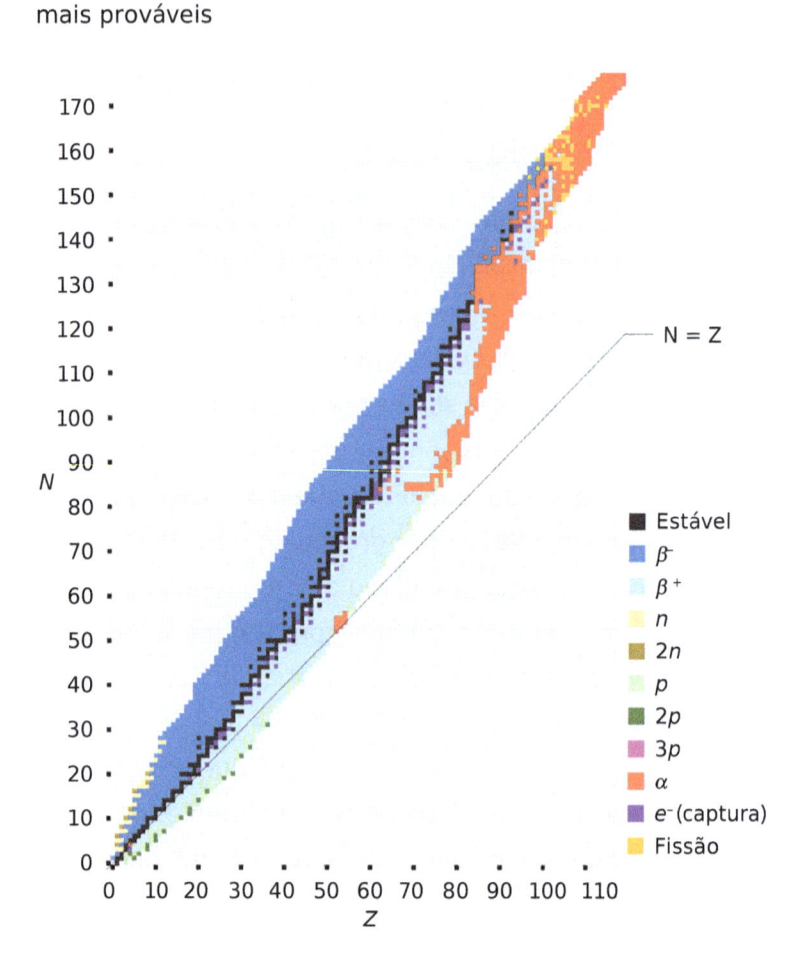

No gráfico de nuclídeos, é possível notar também a necessidade proporcional de mais nêutrons para a estabilidade de núcleos atômicos grandes, uma vez que os indicadores de isótopos estáveis se afastam da linha de referência $N = Z$. Esse desbalanço ocorre em razão do

afastamento imposto pela repulsão coulombiana entre os prótons nucleares (Gautreau; Savin, 1999).

Os isótopos estáveis, portanto, seguem uma faixa na cor cinza, que separa os núcleos em "ricos em nêutrons", acima dos estáveis, em geral emitindo partículas β^- (elétrons), e "ricos em prótons", abaixo dos estáveis, emitindo partículas β^+ (pósitrons) ou partículas α (Lilley, 2001).

O Gráfico 2.1 deverá ser revisto constantemente ao longo deste livro; por isso, é imperativo que ele seja compreendido o quanto antes.

2.1.2 Determinação do raio do núcleo

Na abordagem que estamos empreendendo, daremos ênfase ao ensaio de Hans Geiger (1882-1945) e Ernest Marsden (1889-1970) sob supervisão de Rutherford, em 1909, que levou à descoberta do núcleo atômico. A Figura 2.2 apresenta uma ilustração do experimento, que consiste na emissão de partículas α por uma amostra radioativa em uma fina folha de ouro e espalhadas em uma tela de sulfeto de zinco. Explicaremos o que são as partículas α e suas particularidades na Seção 3.3; por ora, basta informar que são partículas massivas (para a categoria das partículas subatômicas, obviamente) e com carga elétrica positiva.

Figura 2.2 – Experimento da folha de ouro de Rutherford

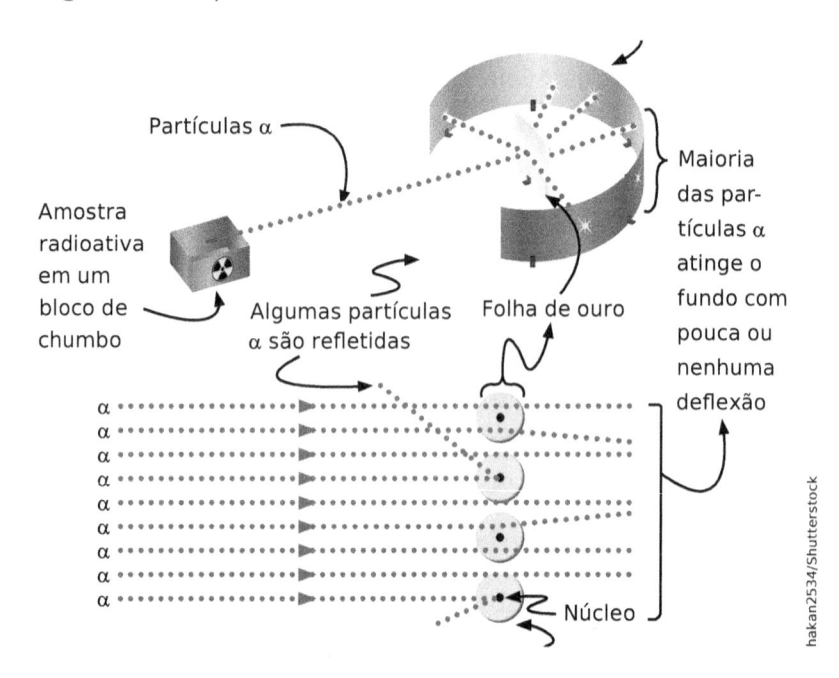

No modelo de Thomson, então em vigor, os resultados esperados seriam interações muito eventuais com os elétrons (as "passas do pudim") e uma passagem com pouca ou nenhuma interação, formando somente um ponto bem concentrado no fundo da tela. No entanto, os resultados observados consistiam em uma série de padrões espalhados pelo sulfeto de zinco, evidenciando a passagem das partículas α por vários espaços vazios, além de pequenas deflexões geradas por diminutas massas fixas concentradas e carga positiva, que hoje conhecemos como *núcleos*.

A fonte usada nos experimentos foi composta de rádio purificado contido em um tubo de vidro de 1 mm de diâmetro com paredes finas, com a atividade de cerca de $3{,}7 \cdot 10^9$ decaimentos nucleares por segundo. Explicitaremos, na Seção 3.2.2, de que se tratam esses parâmetros. Embora tenha possibilitado saber que os núcleos eram muito menores do que os átomos como um todo, não foi possível obter valores precisos de diâmetro (ou de raio).

Em experimentos realizados nos anos 1950, por meio do espalhamento de elétrons pela distribuição nuclear de cargas, foram usados léptons com carga (em geral elétrons ou até múons) aproveitando a simplicidade da consolidada e simples força eletromagnética. Essa nova abordagem apresentou um diferencial, uma vez que elétrons que atingem a nuvem eletrônica têm energia distinta dos que atingem o núcleo e são facilmente descartados na análise. A energia na qual os elétrons são incidos é tal que é necessário descrevê-los, em lugar da equação de onda de Schrödinger, por meio das versões relativísticas de Dirac. São levados em conta também, quando necessário, os momentos magnéticos, que são bem conhecidos. Os experimentos para determinar o raio nuclear utilizam o ângulo de deflexão dos elétrons que interagem com os núcleons, em contextos semelhantes ao da folha de ouro de Rutherford (Cottingham; Greenwood, 2001).

Uma forma de determinação do raio nuclear é a utilização da força forte. Algumas partículas altamente interagentes, como os mésons-pi ou os prótons, quando suficientemente energizadas, apresentam uma força coulombiana fraca o suficiente para ser negligenciada. Essas partículas aceleradas interagem tão rapidamente com o núcleo que geram padrões semelhantes aos encontrados em experimentos de difração. Com base neles, foi possível determinar o raio do núcleo (Das; Ferbel, 2003).

2.1.3 Densidade nuclear

Para obter os raios de números de massa maiores, é necessário pensar em uma relação do raio nuclear R com A. Satisfatoriamente, é possível aproximar um núcleo de uma esfera. A **densidade de cargas nucleares** central é aproximadamente igual para todos os núcleos, e os prótons se deslocam para a periferia por causa da força coulombiana. Isso ocasiona, portanto, uma **densidade volumétrica de núcleons** aproximadamente constante. Assim:

$$\rho = \frac{A}{\frac{4}{3}\pi R^3} \approx 0{,}17 \text{ núcleons/fm}^2$$

em que a relação é aproximadamente válida para núcleos pesados, e a constante é obtida experimentalmente. Uma vez que o raio é proporcional a $\sqrt[3]{A}$, pode-se definir uma constante de proporcionalidade R_0 tal que:

$$R = R_0 \sqrt[3]{A}$$

Essa expressão tem valor aproximado de $R_0 = 1{,}2$ fm, dado por experimentos de espalhamento eletrônico

(Krane; Halliday, 1988). Não por acaso, a ordem de grandeza de R_0 também é a faixa de atuação das forças nucleares (Basdevant; Rich; Spiro, 2006).

2.1.4 Energia de ligação e massas nucleares

Seria possível supor, ingenuamente, que a massa nuclear é dada pela soma de seus núcleons, algo como $Zm_p + Nm_n$, em que m_p e m_n são as massas dos prótons e dos nêutrons, respectivamente. A prática revela, no entanto, que a massa do núcleo é menor do que seus constituintes e, portanto:

Equação 2.1

$$M(Z, N) < Zm_p + Nm_n$$

A massa deficitária do núcleo é resultado da ligação da força nuclear e é convertida em energia no momento da fissão. Isso explica também a **coesão do núcleo**, que mantém seus componentes unidos para não violar a conservação de energia (Das; Ferbel, 2003), exceto na injeção de energia extra. Dessa forma, é possível concluir que, quanto maior for a energia de ligação, mais estável será o núcleo.

Sendo um sistema ligado, o núcleo precisa ter um termo relacionado à energia de ligação quando avaliadas as massas envolvidas, eliminando a desigualdade da expressão na Equação 2.1. Da relação massa-energia de Einstein, a energia de ligação $E_{lig}(Z, N)$, dependente do número de prótons Z e de nêutrons N, vincula-se à massa nuclear $M(Z, N)$ pela seguinte relação:

Equação 2.2

$$M(Z,N) = Zm_p + Nm_n - \frac{E_{lig}(Z,N)}{c^2}$$

Nessa equação, a massa total do núcleo ligado é função também das massas de repouso do próton m_p e do nêutron m_n. A energia de ligação deve ser positiva para a formação do núcleo e corresponde a, aproximadamente, 1% da contribuição na massa/energia total (Cottingham; Greenwood, 2001).

É comum representarmos a energia de ligação por núcleon em função da massa total, possibilitando comparar o parâmetro entre núcleos de diferentes tamanhos.

Equação 2.3

$$\frac{E_{lig}(Z,A)}{A} = \frac{\left(Zm_p + (A-Z)m_n - M(A,Z)\right)c^2}{A}$$

Nessa equação, adota-se $N = A - Z$ para diminuir o número de termos diferentes. A Tabela 2.1, a seguir, apresenta as energias de ligação em alguns núcleos leves. Valores maiores em núcleos, como o de hélio-4 e de carbono-12, indicam maior estabilidade e podem ser vinculados ao modelo de camadas apresentado na Seção 1.4.

Tabela 2.1 – Energias de ligação de alguns núcleos leves

Núcleo	E_{lig} (MeV)	$\dfrac{E_{lig}}{A}$ (MeV)
Deutério ($^{2}_{1}H$)	2,22	1,1
Trítio ($^{3}_{1}H$)	8,48	2,8
Hélio-4	28,30	7,1
Hélio-5	27,34	5,5
Lítio-6	31,99	5,3
Lítio-7	39,25	5,6
Berílio-8	56,50	7,1
Berílio-9	58,16	6,5
Boro-10	64,75	6,5
Boro-11	76,21	6,9
Carbono-12	92,16	7,7
Carbono-13	97,11	7,5

Fonte: Elaborado com base em Cottingham; Greenwood, 2001.

Por ser comum a medição experimental das massas dos íons atômicos em vez do núcleo isolado, a massa do átomo neutro é vinculada à nuclear pela seguinte relação:

Equação 2.4

$$M_a(Z,N) = Z\left(m_p + m_e\right) + Nm_n - \frac{E_{lig}(Z,N)}{c^2} - \frac{E_{lig\text{-}e^-}}{c^2}$$

sendo $E_{lig\text{-}e^-}$ a energia de ligação dos elétrons atômicos (Cottingham; Greenwood, 2001).

As energias de ligação atômica e nuclear contrastam muito em ordens de grandeza. Os átomos mantêm núcleos e elétrons ligados com energias na faixa dos elétron-volts, ao passo que os núcleos precisam de 1 milhão de vezes mais energia para unir ou separar os núcleons. A demonstração dessa afirmação é simples: por meio da eletrização por atrito (esfregando uma caneta no cabelo, por exemplo), é possível arrancar facilmente elétrons de seus respectivos átomos; já na fissão nuclear, ou decaimento radioativo, a separação de um ou mais núcleons (conforme explicitaremos nos próximos capítulos) não pode ser feita com meros materiais escolares.

2.2 Momentos angular e de *spin*

Embora deva seu nome ao movimento de rotação, o *spin* não apresenta equivalente clássico. Uma possível analogia, imaginando partículas subatômicas – como elétrons, rotacionando em torno de um eixo –, apresenta diversas inconsistências e pode confundir mais do que esclarecer.

2.2.1 *Spins* nucleares e momentos de dipolo

Sendo férmions, tanto prótons quanto nêutrons têm momento angular de *spin* semi-inteiro, mais especificamente $\frac{1}{2}\hbar$, além de um momento angular orbital.

Os valores são quantizados tal qual ocorre com os elétrons que orbitam o átomo. Associando-se as duas grandezas, o momento angular total dos núcleons é definido pela soma vetorial dos momentos angulares orbital e de *spin*. O momento angular total do núcleo é, então, uma combinação dos *spins* e dos momentos dos prótons e dos nêutrons (Das; Ferbel, 2003).

As propriedades se assemelham às do momento angular eletrônico. Assim, o momento angular nuclear é um vetor **I** com módulo:

Equação 2.5

$$|\mathbf{I}| = \sqrt{m_\ell(m_\ell+1)}\hbar$$

Nessa expressão, m_ℓ é o número quântico associado, chamado de **spin nuclear***, que pode assumir valores inteiros e semi-inteiros e possui algumas propriedades determinadas experimentalmente, como sua dependência de *A* (Kaplan, 1978).

Portanto, se o número de prótons for par, eles tenderão a se emparelhar e o coletivo apresentará *spin* nuclear nulo, valendo a mesma situação para os nêutrons. Caso o número de um dos núcleons seja ímpar, o *spin* do núcleo será o mesmo da partícula desemparelhada – semi-inteiro, portanto. Finalmente, se houver número ímpar tanto de prótons quanto de nêutrons, o *spin* nuclear será

---

* Grande parte da literatura utiliza somente ℓ como representação do *spin* nuclear. Vamos preferir m_ℓ, para facilitar a visualização.

a soma dos núcleons desemparelhados e resultará em um número inteiro.

Exemplificando

Para ilustrar, tomemos como exemplo os *spins* nucleares de alguns isótopos de ferro comparados a seu vizinho de tabela periódica, o cobalto, apresentados na Tabela 2.2.

Tabela 2.2 – Isótopos de ferro e de cobalto com seus *spins*

Isótopo $_{26}$Fe	m_ℓ	Isótopo $_{27}$Co	m_ℓ
Ferro-54	0	Cobalto-54	0
Ferro-55	3/2	Cobalto-55	7/2
Ferro-56	0	Cobalto-56	4
Ferro-57	1/2	Cobalto-57	7/2
Ferro-58	0	Cobalto-58*	2
Ferro-59	3/2	Cobalto-59	7/2
Ferro-60	0	Cobalto-60*	5

Nota: *Há, ainda, estados metaestáveis com *spin* diferente.
Fonte: Elaborado com base em Krane; Halliday, 1988.

Em geral, esse tipo de análise é realizada em termos de A e Z, sendo assim definidas as seguintes situações:

- Os núcleos com números atômico e de massa pares, como o $_{26}^{56}$Fe ou o $_{26}^{58}$Fe, apresentam *spin* nuclear zero, indicando que tanto nêutrons quanto prótons estão emparelhados.

- Os núcleos com número atômico par e de massa ímpar, como o $^{57}_{26}$Fe ou o $^{59}_{26}$Fe, têm *spin* nuclear semi-inteiro, resultado do nêutron desemparelhado.
- Os núcleos com número atômico ímpar e de massa par, como o $^{56}_{27}$Co ou o $^{58}_{27}$Co, têm *spin* inteiro, resultado de um próton e um nêutron desemparelhados, que têm seus *spins* nucleares somados.
- Os núcleos com números atômico e de massa ímpares, como o $^{55}_{27}$Co ou o $^{57}_{27}$Co, têm *spin* nuclear semi-inteiro, resultado do próton desemparelhado.

O que se apresenta de forma surpreendente é que grandes núcleos apresentam *spins* nucleares muito pequenos em seu estado fundamental (não excitado). Isso leva à percepção de que, diferentemente dos elétrons nas camadas eletrônicas, os *spins* dos núcleons são altamente pareados dentro do núcleo, cancelando, entre si, seus momentos angulares (Das; Ferbel, 2003).

Conforme a indicação na legenda da Tabela 2.2, há ainda estados metaestáveis, que detalharemos adiante. Trata-se de um isótopo com núcleo em um estado energético no qual os núcleons se encontram excitados e, portanto, podem apresentar valores de *spin* desemparelhados.

2.2.2 Momentos magnéticos

Da física atômica, o elétron, que tem *spin* $\frac{1}{2}\hbar$, apresenta o momento de dipolo aproximadamente igual ao do magnéton de Bohr:

Equação 2.6

$$\mu_B = \frac{e\hbar}{2m_e} \approx 9{,}28 \cdot 10^{-24} \text{ J/T} \approx 5{,}79 \cdot 10^{-11} \text{ MeV/T}$$

Nessa equação, os momentos angulares magnéticos orbital e de *spin* podem ser dados, respectivamente, por:

Equação 2.7

$$\mu_L = -g_L \mu_B m_\ell$$

Equação 2.8

$$\mu_S = -g_S \mu_B m_s$$

em que m_ℓ e m_s são os números quânticos orbital e de *spin*, respectivamente. Os termos adimensionais $g_L = 1$ e $g_S \approx 2$ são constantes experimentais chamadas de *fator-g* ou *fator de Landé*.

O equivalente na física nuclear é o momento de dipolo magnético dos núcleons, obtido em termos do magnéton nuclear que utiliza a massa do próton ou do nêutron, os quais apresentam valores muito próximos:

Equação 2.9

$$\mu_N = \frac{e\hbar}{2m_p} \approx 5,05 \cdot 10^{-27} \text{ J/T} \approx 3,15 \cdot 10^{-14} \text{ MeV/T}$$

Nessa equação, calculando-se a razão $\frac{\mu_B}{\mu_N}$, nota-se que o magnéton de Bohr é quase 2 mil vezes maior do que o magnéton nuclear. Assim, pode-se definir o momento magnético individual de cada núcleon. O próton e o nêutron têm momento magnético, respectivamente, de:

Equação 2.10

$$\mu_p = \frac{1}{2} g_p \mu_N$$

Equação 2.11

$$\mu_n = \frac{1}{2} g_n \mu_N$$

em que os fatores-*g* dos prótons e dos nêutrons, obtidos experimentalmente, são $g_p \approx 5,59$ e $g_n \approx -3,83$. Os valores apontam, dada a associação dos momentos de dipolo com o momento angular nuclear, que os núcleons têm momentos magnéticos anômalos. Isso significa, indiretamente, que esses núcleons apresentam estruturas internas adicionais (os *quarks*), fato comprovado por experimentos em física de partículas (Das; Ferbel, 2003).

2.3 Modelo da gota líquida

Propriedades nucleares como dimensões, massa e energia de ligação são semelhantes às que mantêm uma gota líquida coesa: nela, a densidade é constante, o tamanho é proporcional ao número de moléculas e o calor de vaporização, bem como o da energia de ligação da gota, é diretamente proporcional à massa e ao número de partículas que a formam.

Diante disso, nesta seção, descreveremos o núcleo analogamente a uma gota de líquido incompressível e de grande densidade, mais especificamente na faixa de 10^{17} kg/m^3. Vincularemos a massa ao número atômico Z, ao número de massa A e às massas de prótons m_p e de nêutrons m_n por meio da **fórmula semiempírica de massa**, originalmente desenvolvida por Carl Friedrich van Weizsäcker (1912-2007) em 1935:

Equação 2.12

$$M = Zm_p + (A-Z)m_n - a_{vol}A + a_{sup}\sqrt[3]{A^2} + a_{Cou}\frac{Z^2}{\sqrt[3]{A}} + a_{sim}\frac{(A-2Z)^2}{A} + \frac{a_{par}}{\sqrt[4]{A^3}}$$

Essa fórmula prediz somente valores aproximados, variando sua precisão de núcleo para núcleo. E, embora possam ser adicionados termos provenientes de análises mais sofisticadas, os mais significativos são obtidos dessa modelagem mais básica.

- Os dois primeiros termos da Equação 2.12 correspondem à massa total de prótons (Zm_p) e de nêutrons ($(A - Z)m_n$).
- Correspondente ao calor de vaporização da gota líquida, o **termo de volume** proporcional a A diz respeito à energia de ligação dos núcleons, que apresentam massa ligeiramente menor quando inseridos no núcleo. A energia de cada núcleon é tomada como constante e proporcional ao número de massa.
- Como o termo proporcional a A leva em conta cada núcleon cercado por outros núcleons, é necessário acrescentar um termo vinculado à superfície externa, sendo, portanto, proporcional a $\sqrt[3]{A^2}$. Esse termo é conhecido como **correção de superfície**.
- A energia de repulsão causada pelas cargas elétricas dos prótons aumenta a massa, resultando no termo proporcional a $\dfrac{1}{\sqrt[3]{A}}$, chamado de **energia de Coulomb**.
- Para além dos termos obtidos da analogia da gota líquida, há mais dois decorrentes da mecânica quântica. No **termo de simetria**, dado que, em geral, há mais nêutrons do que prótons (já discutimos essa propriedade quando tratamos da tabela de nuclídeos do Gráfico 2.1), o princípio de exclusão de Pauli implica que sua energia e, por consequência, sua massa serão aumentadas proporcionalmente a $\dfrac{(A - 2Z)^2}{A}$.
- Finalmente, adicionamos o segundo ajuste quântico na Equação 2.12: o **termo de pareamento**. Este

corresponde à tendência dos *spins* de núcleons se emparelharem, fenômeno quântico que depende do número de núcleons descasados justamente pela necessidade de vínculo em pares. Adotamos, aqui, o termo proporcional a $\frac{1}{\sqrt[4]{A^3}}$. (Gautreau; Savin, 1999; Krane; Halliday, 1988), mas também é possível encontrar na literatura especializada diferentes funções para ajuste dos dados experimentais, como $\frac{1}{\sqrt{A}}$ (Cottingham; Greenwood, 2001; Lilley, 2001), ou, até mesmo, simplesmente $\frac{1}{A}$ (Wong, 2004). Uma vez que se pode ajustar "à mão" a constante que o acompanha, é possível utilizar qualquer uma dessas opções.

As constantes da fórmula semiempírica de massa são um caso à parte, por serem experimentalmente obtidas, conforme já registramos. Isso significa que seus valores são ajustados para que os gráficos teóricos coincidam com gráficos gerados por dados experimentais. Os valores, embora sejam encontrados com a mesma ordem de grandeza, nem sempre concordam na literatura. Selecionamos os valores compilados por Lilley (2001) nas primeiras constantes, por serem os que têm mais recorrência em vários livros. Os valores adotados aqui são, portanto:

- $a_{vol} = 15,56\,\text{MeV}$;
- $a_{sup} = 17,23\,\text{MeV}$;

- $a_{Cou} = 0,7\,\text{MeV}$;
- $a_{sim} = 23,28\,\text{MeV}$.

A constante a_{par} é nula quando o número de massa é ímpar; é –33,5 MeV quando o número atômico é par; e +33,5 MeV quando o número atômico é ímpar. Esse valor vale para o termo proporcional a $\dfrac{1}{\sqrt[4]{A^3}}$ e, caso seja utilizada alguma das outras funções, o valor deve ser ajustado. A lógica dos sinais de pareamento, todavia, permanece inalterada (Gautreau; Savin, 1999).

É possível obter, lançando mão da equivalência massa-energia de Einstein e da diferença entre as massas do núcleo formado e de seus constituintes, a **energia de ligação média**. Assim, a expressão correspondente à diferença da massa do núcleo e da soma das massas de repouso dos núcleos é:

Equação 2.13

$$E_{lig} = \left[Zm_p + (A-Z)m_n - M\right]c^2$$

O que resulta em:

Equação 2.14

$$E_{lig} = a_{vol}A - a_{sup}\sqrt[3]{A^2} - \frac{a_{Cou}Z^2}{\sqrt[3]{A}} - \frac{a_{sim}(A-2Z)^2}{A} - \frac{a_{par}}{\sqrt[4]{A^3}}$$

É comum também representar a energia de ligação de cada núcleon, dividindo-a pelo número de massa para determinar as energias de ligação "individuais":

Equação 2.15

$$\frac{E_{lig}}{A} = \frac{\left[Zm_p + (A-Z)m_n - M\right]c^2}{A} =$$
$$a_{vol} - \frac{a_{sup}}{\sqrt[3]{A}} - \frac{a_{Cou}Z^2}{\sqrt[3]{A^4}} - \frac{a_{sim}(A-2Z)^2}{A^2} - \frac{a_{par}}{\sqrt[4]{A^7}}$$

Nessa equação, recomenda-se o cuidado de não considerar a energia necessária para remover um único próton ou nêutron do núcleo. Da equação obtida, para núcleos com $A > 50$, a energia de ligação média de cada núcleon torna-se aproximadamente constante, com valor na faixa de 8 MeV (Gautreau; Savin, 1999).

2.4 Modelo de camadas

Embora o modelo da gota líquida explique algumas propriedades nucleares de maneira satisfatória, tais como a energia média por núcleon, outras necessitam de um modelo mais refinado para serem esclarecidas. A análise usando os efeitos médios não descreve aspectos como energias em estados excitados ou momentos nucleares magnéticos, já discutidos na Seção 2.2. Como há uma repetição nas propriedades com o aumento no número de núcleons, é possível compreender que eles se associam de forma periódica em sua construção, formando camadas (Feynman, 1954).

O **modelo de camadas** utiliza o comportamento individual de cada núcleon ao ser governado por um potencial causado pelos demais núcleons. Assim, do princípio de exclusão de Pauli, são formados orbitais espaciais, bem como as camadas atômicas.

Evidências experimentais (Lilley, 2001) sugerem que o núcleo obtém mais estabilidade quando dado número de nêutrons ou de prótons é atingido. O número de isótopos estáveis, com $Z = 20$ e 50, por exemplo, é maior do que a média, além de as curvas de energia de ligação apresentarem picos de energia com descontinuidades para $N = 126$ ou $Z = 82$ (Lilley, 2001).

A existência de energias de ligação maiores nesses núcleos específicos, além da existência de isótopos e de isótonos mais estáveis ou da baixa captura de nêutrons em experimentos de seção de choque, levou à compreensão de que deve haver um "fechamento de camadas". Tal ocorrência é semelhante aos gases nobres, que não reagem por terem suas camadas de valência preenchidas (Krane; Halliday, 1988).

Fique atento!

Os maiores valores de energia de ligação entre núcleons ocorrem em núcleos com números de prótons ou de nêutrons iguais a 2, 8, 20, 28, 50 ou 126, conhecidos como **números mágicos** (Gautreau; Savin, 1999), correspondentes aos valores em que as camadas nucleares de prótons e de nêutrons ficam completas. Especificamente, núcleos nos quais os números tanto de prótons quanto de nêutrons estão entre os números mágicos, como $^{4}_{2}He$ ($N = Z = 2$) ou $^{16}_{8}O$ ($N = Z = 8$), apresentam estabilidade ainda maior e são conhecidos como **números duplamente mágicos** (Das; Ferbel, 2003). Já núcleos com somente nêutrons ou prótons com camadas fechadas, como os isótopos do níquel ($Z = 28$) ou o $^{50}_{22}Ti$ ($N = 50$), são classificados como **semimágicos** (Basdevant; Rich; Spiro, 2006).

O modelo nuclear encontra muitas similaridades com o atômico, em especial dentro das subcamadas. Os números atômicos dos gases nobres (2, 10, 18, 36, ...) são os números mágicos específicos dos átomos (Das; Ferbel, 2003). As propriedades, no entanto, variam mais quando a camada é preenchida e se passa para a subsequente. Um complicador é a origem dos potenciais: no caso dos elétrons atômicos, o potencial é criado por um potencial "externo", o núcleo positivo; já os núcleons estão sujeitos a potenciais criados por eles mesmos (Krane; Halliday, 1988).

O formato dos potenciais, conforme registramos no capítulo anterior, depende do refinamento pretendido para o modelo. O Gráfico 2.2 apresenta um perfil unidimensional dos três potenciais mais comumente usados e que serão discutidos na sequência: (1) o simplificado poço infinito, no qual o potencial é zero antes de certo raio e infinito dali adiante; (2) o oscilador harmônico simples (OHS) com o potencial na forma de uma parábola; e (3) o mais realístico, potencial de Woods-Saxon.

Gráfico 2.2 – Potenciais aplicados no modelo de camadas

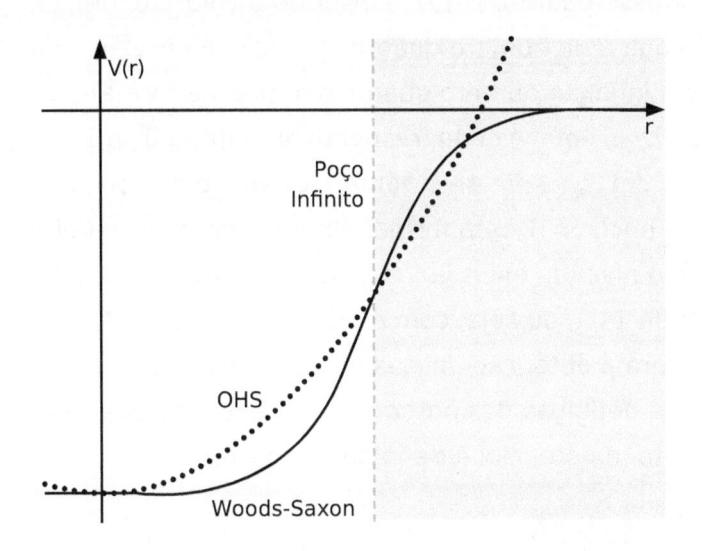

Poço Infinito
OHS
Woods-Saxon

Cada um dos formatos de potenciais dá origem a soluções rotuladas com os números quânticos de cada núcleon: n, resultado dos níveis de energia; m_ℓ, derivado do momento angular orbital; e m_s, proveniente do momento angular de *spin*. Embora n e m_s não se relacionem tanto ao formato nuclear, m_ℓ pode realizar essas alterações. Quanto maior for o valor de m_ℓ, menos esférico será o formato da órbita, diminuindo a ligação média e aumentando a energia (Das; Ferbel, 2003).

Na Figura 2.3 (a ser apresentada adiante) são representados graficamente os níveis de energia obtidos com cada um dos potenciais. A notação espectroscópica adotada e apresentada com os níveis de energia dos subníveis segue o seguinte formato:

$$\boxed{\mathcal{N}}\boxed{\mathcal{L}}_{\boxed{\mathcal{J}}}$$

Nesse padrão, em $\mathcal{N}$ é inserido o valor de forma análoga à do número quântico principal; em $\mathcal{L}$, o indicador é igual ao número quântico orbital na forma *s*, *p*, *d*, *f*, *g*, *h*, ..., equivalendo, respectivamente, a 0, 1, 2, 3, 4, 5, ...; em $\mathcal{J}$, insere-se o número quântico do *spin* m_s de cada núcleon. Dessa forma, um nêutron ou um próton com o nível de energia mais baixo possível deve estar no estado $1s_{1/2}$, ou seja, com $n = 1$, $m_\ell = 0$ e $m_s = \pm 1/2$.

Para a obtenção desses níveis de energia, inicia-se com a definição dos potenciais. Para o poço quadrado infinito, o potencial é definido por partes:

Equação 2.16

$$V(r) = \begin{cases} \infty, & r \geq R \\ 0, & r < R \end{cases}$$

A solução desse potencial na equação de Schrödinger resulta em funções dependentes da função esférica de Bessel. Para nossa análise, basta saber que nessa modelagem cada camada contém $2(2\ell + 1)$ prótons ou nêutrons, para $\ell = 0, 1, 2, 3, \ldots$. A aplicação resulta na separação em camadas e na quantidade de prótons ou nêutrons necessários para fechar as camadas 2, 8, 20, 34, ..., indicadas na primeira coluna da Figura 2.3. Estes podem ser considerados os protótipos dos números mágicos, que necessitam de uma função mais próxima da real.

Em um segundo modelo, para o OHS, toma-se o potencial de um sistema massa-mola com rigidez *k* e massa *m*. O sistema oscila em uma frequência ω, resultando no seguinte potencial:

Equação 2.17

$$V(r) = \frac{kr^2}{2} = \frac{m\omega^2 r^2}{2}$$

Esse potencial é representado no Gráfico 2.2. Da segunda parte da Equação 2.17, a dependência da oscilação é somente da frequência ω e da massa *m*, que correspondem, respectivamente, à frequência de vibração do núcleon e a sua massa.

A exemplo do que foi realizado no poço quadrado, aplica-se o potencial na equação de Schrödinger. As soluções são relacionadas aos polinômios de Laguerre, e os níveis de energia são dados por:

Equação 2.18

$$E_{n\ell} = \left(2n + m_\ell - \frac{1}{2}\right)\hbar\omega$$

O número quântico do momento angular orbital $m_\ell = 0, 1, 2, 3, \ldots$ é obtido de $|\mathbf{L}| = \sqrt{\ell(\ell+1)}\hbar$, e o número quântico $n = 1, 2, 3, 4, \ldots$, diferentemente da solução do átomo de hidrogênio, não regula o valor máximo de m_ℓ. Com esse resultado, são obtidas as distribuições de camadas apresentadas na coluna central da Figura 2.3. Os números de elementos com camadas fechadas para esse caso (2, 8, 20, 40, ...) também estão indicados.

A forma mais próxima da realidade, todavia, é o potencial de Woods-Saxon, ou "potencial de Fermi", dado pela seguinte função (Lilley, 2001):

Equação 2.19

$$V(r) = -\frac{V_0}{1+e^{\frac{r-R}{a}}}$$

Nessa equação, V_0, R, e a são parâmetros de ajuste com os dados experimentais que regulam, respectivamente, a profundidade, a largura e a inclinação do poço. Sua forma gráfica pode ser visualizada com os demais potenciais no Gráfico 2.2. É possível, tal como realizado anteriormente, determinar os níveis de energias. Os valores obtidos são justamente os números mágicos apresentados: 2, 8, 20, 28, 50, 126, ... Estes são representados na Figura 2.3 já com uma correção extra no acoplamento *spin*-órbita.

A estrutura de camadas se apresenta de diversas maneiras nas propriedades nucleares, bem como na abundância dos núcleos na natureza. Os isótopos com números mágicos tendem a ter energia de ligação superior à prevista pelo modelo da gota líquida e apresentam meia-vida muito maior (Basdevant; Rich; Spiro, 2006).

Figura 2.3 – Formação de camadas no núcleo para diferentes potenciais

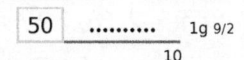

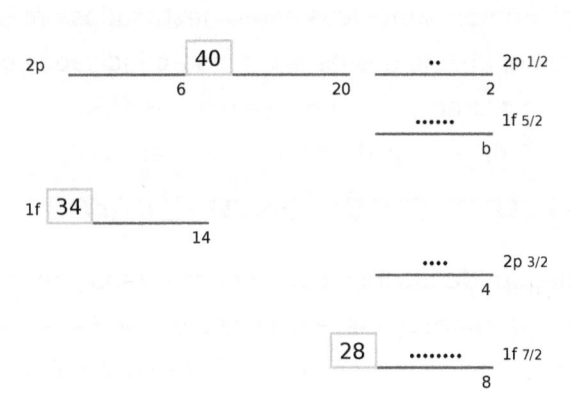

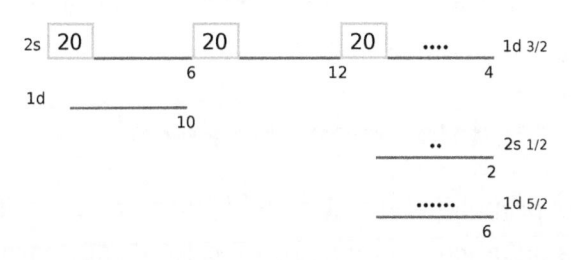

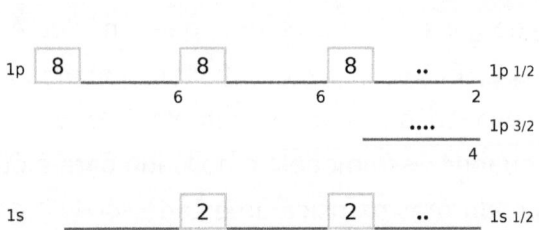

	Poço infinito	OHS	Woods-Saxon + spin-órbita	
		50	·········· 10	1g 9/2
2p	40 / 6 / 20		·· / 2	2p 1/2
			······ / b	1f 5/2
1f 34 / 14			···· / 4	2p 3/2
		28	········ / 8	1f 7/2
2s 20 / 6	20 / 12	20	···· / 4	1d 3/2
1d / 10			·· / 2	2s 1/2
			······ / 6	1d 5/2
1p 8 / 6	8 / 6	8	·· / 2	1p 1/2
			···· / 4	1p 3/2
1s / 2	2 / 2	2	·· / 2	1s 1/2

A Figura 2.3 apresenta, desse modo, a distribuição de camadas para os casos apresentados no Gráfico 2.2 e nas Equações 2.16, 2.17 e 2.19. Os diferentes potenciais são um poço infinito, um OHS e um poço de Woods-Saxon com acoplameto s*pin*-órbita, conforme indicado. Ainda, os números mágicos estão destacados em retângulo cinza e, abaixo dos estados, estão indicados o número de prótons/nêutrons permitidos

2.5 Outros modelos nucleares

A modelagem de núcleos pode ser realizada com base em diversas abordagens. Por vezes, os modelos são compartilhados de outros ramos da física, como o gás de Fermi, muito usado na física do estado sólido. Com o objetivo de ilustrar a diversidade de descrições do núcleo atômico, serão aqui apresentadas mais duas abordagens que descrevem a estrutura nuclear.

2.5.1 Modelo do gás de Fermi

Uma das primeiras tentativas de incorporar os efeitos da física quântica em modelos estruturais nucleares, o modelo do gás de Fermi assume que o núcleo é um gás de prótons e nêutrons livres confinados em uma pequena região do espaço, o núcleo. A exemplo do que se compreende quando esse modelo é aplicado para elétrons em semicondutores na física do estado sólido, as partículas nucleares permanecem "presas" em razão de potenciais específicos para cada uma (Das; Ferbel, 2003).

Figura 2.4 – Energias no estado fundamental do núcleo segundo o modelo do gás de Fermi

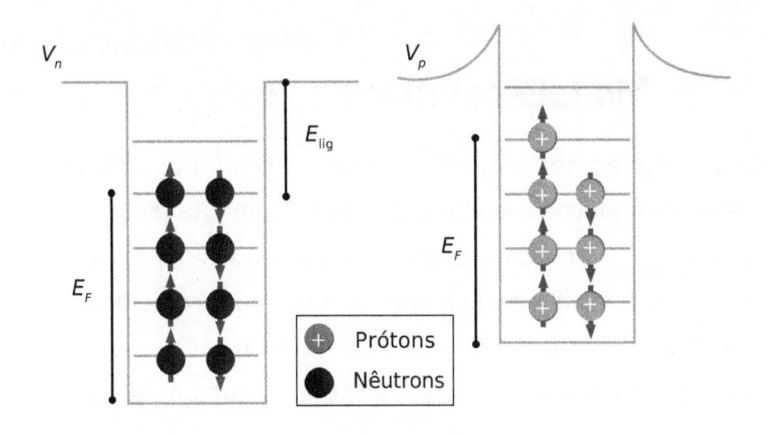

Fonte: Elaborado com base em Das; Ferbel, 2003.

Nesse modelo, os potenciais específicos para prótons V_p e nêutrons V_n, como mostrado na Figura 2.4, criam uma região na qual os núcleons se "acomodam" de acordo com suas energias, com os menos energéticos mais embaixo, e os mais energéticos em cima. Estando todos os férmions (prótons ou nêutrons) em seus estados de mais baixa energia possível, diz-se que a partícula mais energética está no nível de energia de Fermi E_F. Se não há férmion algum com um valor acima desse nível, assume-se que a energia de ligação do núcleon mais energizado é $E_{lig} = E_F$.

Embora não seja consistente com todos os dados experimentais, o modelo do gás de Fermi pode ser usado em condições específicas. O modelo de emissão α, que mostra a partícula aprisionada em um poço de potencial e será apresentado na Seção 3.3, por exemplo, apresenta uma lógica semelhante à aplicada nesse modelo (Das; Ferbel, 2003).

2.5.2 Modelo coletivo

Desenvolvido por Aage Bohr (1922-2009) (filho de Niels Bohr), Ben Mottelson (1926-2022) e James Rainwater (1917-1986), o modelo coletivo propôs diversas características que não estavam presentes nas tradicionais modelagens da gota líquida e de camadas. Ele assume que, tal como o modelo de camadas, o núcleo apresenta prótons e nêutrons acomodados em níveis e subníveis, mas com seus núcleons de valência (os mais externos) se comportando como moléculas na superfície de um líquido, o que o aproxima do modelo da gota líquida. O movimento de rotação gerado na superfície do núcleo, assim, diminui sua esfericidade, alterando os estados quânticos dos núcleos de valência. Para aplicar fisicamente esse modelo, é possível ajustar potenciais esféricos, como os discutidos no gás de Fermi – por exemplo, em não esféricos –, como:

$$V(x, y, z) = \begin{cases} 0 & \text{para } ax^2 + by^2 + \frac{z^2}{ab} \leq R^2 \\ \infty & \text{para } ax^2 + by^2 + \frac{z^2}{ab} > R^2 \end{cases}$$

Nessa equação, o potencial é nulo dentro da elipsoide, definida pela expressão $ax^2 + by^2 + \frac{z^2}{ab} = R^2$, e infinito fora dela. Esse modelo prevê a existência de níveis rotacionais e vibracionais no núcleo, derivados de forma semelhante aos modelos moleculares. Além disso, o modelo coletivo comporta a diminuição da diferença dos níveis de energia entre os extremos em núcleos com A e Z ímpares (Das; Ferbel, 2003).

Para saber mais

KAPLAN, I. **Física nuclear**. Tradução de José Goldemberg. 2. ed. Rio de Janeiro: Guanabara Dois, 1978.
Esse é um dos livros de física nuclear em português mais usados em cursos de graduação e de pós-graduação. Mesmo disponível somente em edições muito antigas, a obra reúne vários pontos relevantes do tema de forma bem desenvolvida.

KRANE, K. S.; HALLIDAY, D. **Introductory Nuclear Physics**. 2. ed. New York: John Wiley & Sons, 1988.
Essa obra é um dos livros mais completos e acessíveis sobre o assunto, infelizmente ainda sem tradução para o português. Nela, os autores discorrem, de maneira fantástica, acerca de vários tópicos da física nuclear. Prático e direto, é uma das melhores opções para se aprofundar nos modelos do núcleo atômico e suas aplicações.

Síntese

Iniciamos este capítulo vislumbrando as principais propriedades do núcleo, discutindo as propriedades do raio e da densidade, além da energia de ligação e da massa do núcleo. Na sequência, analisamos os momentos angular e de *spin* dos núcleos, ponderando a respeito das características magnéticas do núcleo atômico. Em seguida, apresentamos o modelo da gota líquida, por meio, principalmente, da fórmula de massa semiempírica e o unimos com o modelo de camadas, de grande importância para a compreensão de emissões de fótons pelo núcleo. Por fim, abordamos, resumidamente, o modelo do gás de Fermi e o coletivo, para ampliar nossa perspectiva quanto à aplicação de modelos nucleares.

Questões para revisão

1) Leia o texto a seguir.

   A fissão espontânea e induzida de átomos de urânio gera diversos elementos menos pesados e raios gama, além de também liberar outros nêutrons do núcleo atômico fissionado. Cada evento de fissão do urânio produz em média outros 2,5 nêutrons, que podem ser expelidos em alta velocidade, atingindo outros núcleos de urânio ao redor. [...] Além dessas partículas, cada evento de fissão ainda libera grande quantidade de energia. (Caxito, 2022)

   Com base em seus conhecimentos sobre a energia de ligação nos processos de fissão nuclear, analise as afirmativas a seguir e a relação proposta entre elas.

I) A soma das massas de repouso dos núcleons separados é sempre menor do que a massa do núcleo coeso,

PORQUE

II) a diferença entre as massas dos núcleons separados e o núcleo coeso é igual à energia de ligação deste.

A respeito dessas proposições, é correto afirmar que:

a) I e II são verdadeiras, e a II justifica a I.
b) I e II são verdadeiras, mas a II não justifica a I.
c) I é verdadeira, e a II é falsa.
d) I é falsa, e a II é verdadeira.
e) I e II são falsas.

2) Sendo férmions, tanto prótons quanto nêutrons têm momento angular de *spin* semi-inteiro, mais especificamente $\frac{1}{2}\hbar$. Os valores são quantizados tal qual ocorre com os elétrons que orbitam o átomo. Associando as duas grandezas, há o momento angular total dos núcleons, definido pela soma vetorial dos momentos angulares orbital e de *spin*. O momento angular total do núcleo é, então, uma combinação dos *spins* e dos momentos dos prótons e dos nêutrons. Com base nas propriedades de emparelhamento de *spin* nos núcleons, determine o *spin* nuclear do níquel-62.

3) Propriedades nucleares como dimensão, massa e energia de ligação são semelhantes às que mantêm uma gota líquida coesa: nela, a densidade é constante, o tamanho é proporcional ao número de moléculas e o calor de vaporização, bem como a energia de ligação da gota, é diretamente proporcional à massa e ao número de partículas que a formam.

A respeito do modelo da gota líquida e da fórmula semiempírica de massa, analise as afirmativas a seguir.

I) Como o termo de volume leva em conta cada núcleon cercado de outros núcleons, é necessário acrescentar um termo que leva em conta a superfície.
II) A energia de repulsão causada pelas cargas elétricas, chamada de *energia de Coulomb*, aumenta no núcleo em razão da quantidade de nêutrons.
III) Por se basear em uma fórmula semiempírica, o modelo da gota líquida não apresenta termos quânticos.

Agora, assinale a alternativa que apresenta todas as proposições corretas:

a) I, II e III.
b) I e II.
c) I.
d) II e III.
e) I e III.

4) Evidências experimentais sugerem que o núcleo obtém mais estabilidade quando dado número de nêutrons ou de prótons é atingido. O número de isótopos estáveis com $Z = 20$ e 50, por exemplo, é maior do que a média, além de as curvas de energia de ligação apresentarem picos de energia com descontinuidades para $N = 126$ ou $Z = 82$. Desse modo, dado o modelo de camadas do núcleo, defina o que são os números mágicos, explicando o que são os núcleos duplamente mágicos e os semimágicos.

5) A modelagem de núcleos atômicos pode apresentar um vasto conjunto de olhares sobre a estrutura do átomo, de difícil descrição. Mesmo os modelos mais complexos apresentam suas limitações, uma vez que a obtenção de dados experimentais é limitada às ações no mundo macroscópico. Sabendo que existem diversas descrições para o núcleo do átomo, assinale a alternativa que apresenta um exemplo que **não** é considerado um modelo nuclear:
a) Modelo da gota líquida.
b) Modelo de camadas.
c) Modelo planetário.
d) Modelo do gás de Fermi.
e) Modelo coletivo.

Questões para reflexão

1) Pesquise as principais diferenças entre modelos fenomenológicos e de primeiros princípios (*ab initio*), analisando suas vantagens e desvantagens. É possível enquadrar os modelos vistos neste capítulo em alguma dessas categorias? Justifique suas afirmações.

2) É comum o uso de analogias e comparações de tamanhos para compreender a proporção entre o núcleo e a estrutura atômica completa. Determine o diâmetro relativo do átomo para um núcleo que tem 20 mm de diâmetro, o tamanho de uma bola de gude. Descreva outras possíveis analogias utilizando estruturas comuns com dimensões mais fáceis de serem compreendidas, como grãos de arroz, carros ou campos de futebol.

Radioatividade

3

Conteúdos do capítulo

- Emissões radioativas.
- Princípios básicos da radioatividade.
- Emissão α.
- Emissão β.
- Emissão γ.

Após o estudo deste capítulo, você será capaz de:

1. explicar como ocorre a emissão radioativa;
2. citar as leis que regem as emissões radioativas;
3. descrever a emissão radioativa α e suas características principais;
4. descrever a emissão radioativa β e suas características principais;
5. descrever a emissão radioativa γ e suas características principais.

3.1 Emissões radioativas

Os termos *radiação* e *radioatividade*, mesmo sendo usados, por vezes, de forma indistinta, guardam significados diferentes. A **radiação** é um conceito mais amplo, abrangendo qualquer tipo de propagação de energia por meio de ondas ou partículas. Já a **radioatividade**, considerando-se sua variação, é a radiação proveniente de reações nucleares. Segue-se disso que um corpo que emite radiação geral é classificado como *irradiante* ou *radiante*, ao passo que o corpo que emite radiações de origem nuclear é dito *radioativo*.

Figura 3.1 – Trifólio, o símbolo da radioatividade

Martial Red/Shutterstock

O trifólio, conhecido também como *símbolo da radioatividade*, assumiu, já há algum tempo, um significado negativo de perigo ou de risco iminente. Entretanto, ele somente indica a presença de radiação ionizante em um local ou em um dispositivo específico. É claro que a exposição de longos períodos a esse tipo de emissão de ondas e partículas pode ser danoso à saúde, mas também salva vidas quando é corretamente aplicada. Ao longo deste capítulo, discutiremos seus efeitos, seus usos e seus riscos.

3.1.1 Radiações α, β e γ

Temos de inicialmente diferenciar os tipos de radiação emitidas pelos núcleos atômicos. Com base em experimentos envolvendo campos magnéticos, foi possível classificar três emissões radioativas obtidas de elementos naturais: α, β e γ. Salientamos que os nomes das três emissões sugerem uma sequência natural, uma vez que, à época de suas classificações, não eram conhecidas suas naturezas, hoje já consagradas na literatura (Kaplan, 1978). Adiante, trataremos mais a fundo sobre cada uma delas separadamente, restringindo-nos, por ora, a distingui-las.

A diferenciação das emissões nucleares pode ser obtida mediante um experimento simples, ilustrado na Figura 3.2. No ensaio, um material radioativo é posicionado dentro de um bloco de chumbo com apenas um pequeno orifício, único local por onde a radiação pode sair, aproximadamente, em linha reta. Ao submeter o feixe a um campo magnético, há uma deflexão causada pela diferença de cargas elétricas, seguindo a **lei do eletromagnetismo clássico**:

Equação 3.1

$$F = q\mathbf{v} \times \mathbf{B}$$

Nessa equação, **F** é o vetor força magnética gerada sobre uma carga q com velocidade **v** quando esta é submetida a um campo magnético **B**. O produto vetorial indica que a direção da força é perpendicular à trajetória (direção de **v**) e à direção do campo magnético (**B**) simultaneamente. Seu sentido, por sua vez, depende do sinal da carga e gera a diferença das trajetórias, impressionando diferentes pontos da chapa fotográfica.

Alternativamente, pode ser feito uso de um campo elétrico gerado com placas de cargas elétricas de mesmo valor e sinais diferentes nas laterais da caixa mostrada na Figura 3.2. Dessa forma, um campo elétrico é gerado internamente e as partículas são defletidas pela força elétrica pela expressão:

Equação 3.2

$$F = q\mathbf{E}$$

Nessa equação, **F** é o vetor força elétrica gerada sobre uma carga q quando esta é submetida a um campo elétrico **E**. Para a formação do mesmo padrão da Figura 3.2, é necessária a geração de um campo elétrico uniforme. Para tal, é preciso posicionar a placa positivamente carregada na lateral direita e a negativamente carregada na lateral esquerda.

Figura 3.2 – Trajetórias das radiações α, β e γ sujeitas a um campo magnético externo

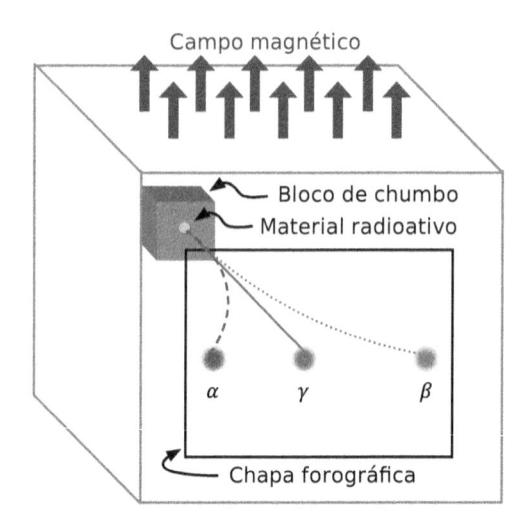

3.1.2 Capacidade de penetração na matéria

As três emissões radioativas apresentam distintas capacidades de penetração, dado que têm diferentes naturezas. Por ser de uma partícula maior, a radiação α é barrada por uma simples folha de papel ou pela pele humana. Isso não significa, contudo, que ela seja inofensiva, pois pode ser perigosa se emitida por isótopos ingeridos por seres humanos e animais, gerando alterações em tecidos internos. A radiação β, por ser um pouco menor, pode penetrar na pele ou no papel, mas é facilmente barrada por uma fina folha de alumínio ou de madeira, por exemplo. A radiação γ é mais penetrante, sendo bloqueada somente por uma parede de chumbo. Adicionalmente, comparamos as radiações ao poder de penetração de um nêutron, que precisa de uma parede de concreto para impedir seu deslocamento.

Figura 3.3 – Poder de penetração dos diferentes tipos de radiação

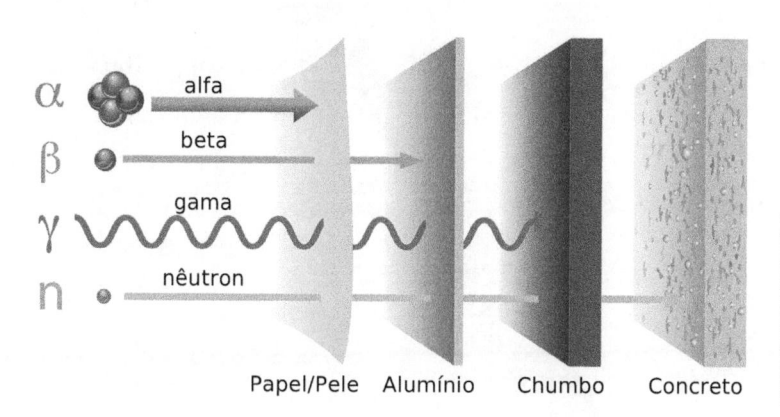

3.2 Princípios da radioatividade

Embora os diferentes isótopos radioativos sigam processos de decaimento distintos, vale consultar novamente o Gráfico 2.1 (reproduzido a seguir como Gráfico 3.1), acompanhando-o ao longo da leitura deste capítulo.

Gráfico 3.1 – Nuclídeos mostrando os modos de decaimento mais prováveis

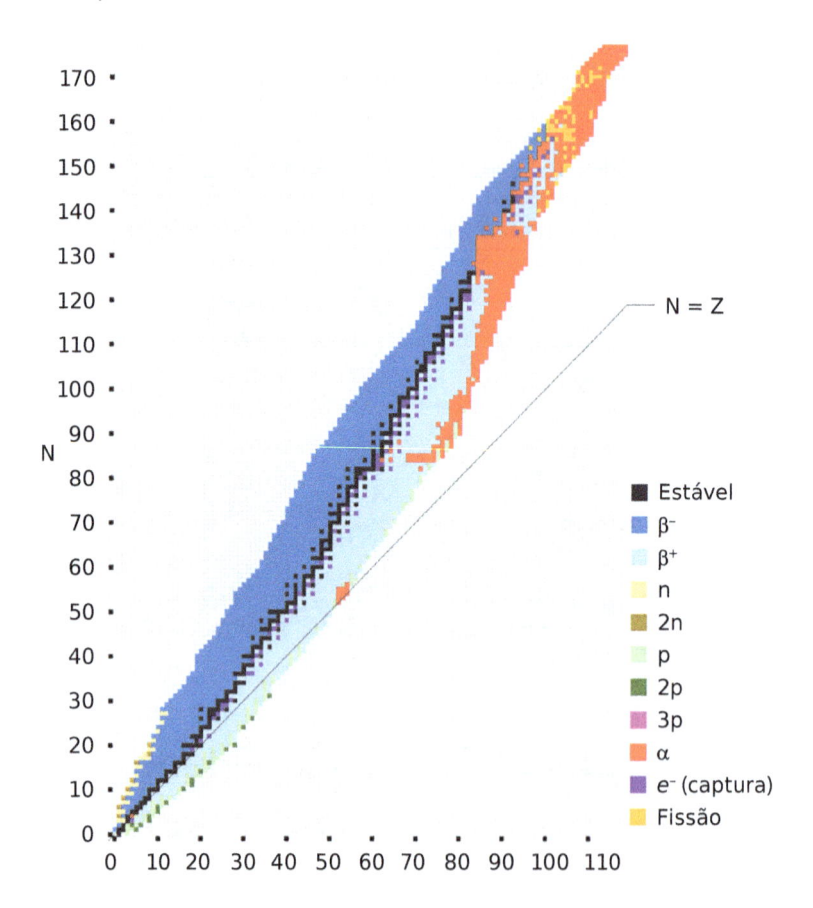

[Gráfico: eixo N (0–170) vs eixo Z (0–110); linha N = Z indicada]

Legenda:
- Estável
- β⁻
- β⁺
- n
- 2n
- p
- 2p
- 3p
- α
- e⁻ (captura)
- Fissão

Com base em sua observação, será possível compreender a tendência de emissão de certos nuclídeos e os tipos de emissão possíveis. Primeiramente, convém estabelecer alguns preceitos comuns às emissões de núcleos instáveis, de grande importância para a compreensão do risco da radioatividade.

3.2.1 Lei fundamental do decaimento radioativo

O decaimento radioativo é um processo estatístico e, portanto, para compreendê-lo, é preciso lançar mão de termos de probabilidades. Para obter uma expressão de decaimento radioativo, toma-se uma amostra com N núcleos sujeitos ao decaimento, embora, para essa lei, seja possível adotar N como a massa (em g ou kg), o número de mols da amostra ou até mesmo o número de átomos.

Após um período de tempo Δt, somente ΔN núcleos decaem na amostra. Logo, a variação temporal de núcleos decaídos é proporcional ao número inicial de núcleos:

$$\frac{\Delta N}{\Delta t} \propto -N$$

Nessa equação, o sinal negativo indica que há um decréscimo de núcleos na amostra, por se tratar de decaimento radioativo. Para vincular os dois lados e criar uma igualdade, define-se uma **constante de decaimento**, representada por λ_d (para evitar confusão com o comprimento de onda, que possui dimensão inversa de tempo). A equação fica, portanto:

Equação 3.3

$$\frac{\Delta N}{\Delta t} = -\lambda_d N$$

Agora, tal qual a velocidade e a aceleração na cinemática, deve-se tender o intervalo de tempo a zero para obter a taxa de variação espontânea:

Equação 3.4

$$\lim_{\Delta t \to 0} \frac{\Delta N}{\Delta t} = \frac{dN}{dt} = -\lambda_d N$$

Considerando que a amostra tem N_0 núcleos radioativos em um instante t_0, podemos reorganizar a equação e integrar dos dois lados:

$$dN = -\lambda_d N \, dt$$

$$\frac{1}{N} dN = -\lambda_d \, dt$$

$$\int_{N_0}^{N} \frac{1}{N} dN = \int_{t_0}^{t} -\lambda_d dt$$

$$\ln(N) - \ln(N_0) = -\lambda_d (t - t_0)$$

Aplicando as leis do logaritmo e considerando o instante inicial $t_0 = 0$, tem-se que:

$$\ln\left(\frac{N}{N_0}\right) = -\lambda_d t \quad \therefore \quad \frac{N}{N_0} = e^{-\lambda_d t}$$

Nessa igualdade, *e* é a constante de Euler ($e = 2{,}71828...$). O resultado é conhecido como a **lei fundamental do decaimento radioativo**:

Equação 3.5

$$N(t) = N_0 e^{-\lambda_d t}$$

O Gráfico 3.2 apresenta a plotagem correspondente à função do decaimento radioativo na Equação 3.5.

Gráfico 3.2 – Curva de decaimento radioativo

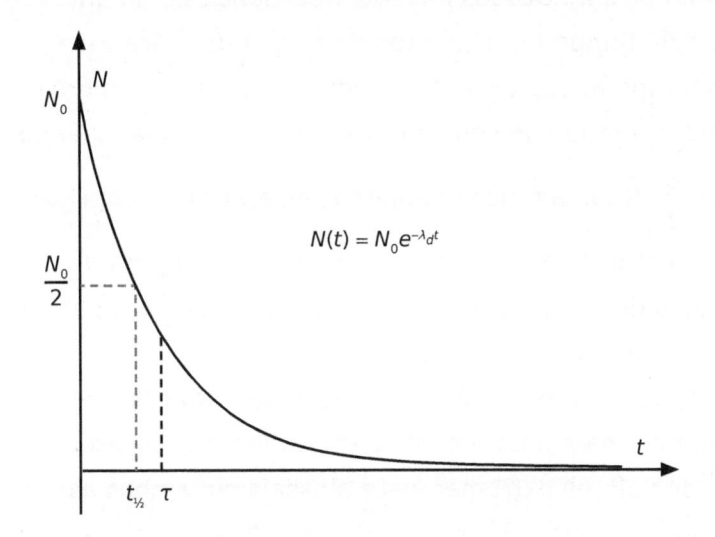

$$N(t) = N_0 e^{-\lambda_d t}$$

(eixos: N vs t; valores marcados N_0, $N_0/2$, $t_{1/2}$, τ)

Por seguir uma função exponencial com expoente negativo (uma exponencial inversa), a amostra inicia com um valor alto (N_0), que decai rapidamente e, depois, passa a cair mais lentamente, só encerrando no infinito. Não há, obviamente, infinitos núcleos em qualquer amostra. Todavia, as quantidades de núcleos envolvidos em experimentos e em aplicações em geral são tão grandes que a radiação será emitida durante muito tempo, mesmo que com uma intensidade cada vez menor.

3.2.2 Meia-vida e taxa de desintegração

Já explicitamos que o número de núcleos radioativos da amostra diminui exponencialmente dependendo do parâmetro λ_d. Desse conceito, depreende-se um intervalo de tempo $t_{1/2}$, chamado de **meia-vida**. Trata-se do tempo necessário para a amostra decair, na média, para a metade de seus átomos iniciais, ou seja, quando $N = \dfrac{N_0}{2}$. Dada a função exponencial, é possível concluir que, em duas meias-vidas, a amostra decai para um quarto dos átomos iniciais, em três meias-vidas, para um oitavo, e assim por diante.

Esse é um parâmetro interessante para estimar o quanto uma amostra continuará radioativa, apresentando valores extremamente abissais em ambas as pontas. A Tabela 3.1 apresenta os valores de algumas meias-vidas, incluindo valores extremos: como base de comparação, a meia-vida do ^5H é suficiente somente para que a luz atravesse 27 fm, e a meia-vida do ^{128}Te é 150 trilhões de vezes a idade do universo. São apresentados também outros exemplos, como o dos isótopos presentes em rejeitos de usinas nucleares (^{90}Sr e ^{137}Cs são alguns deles) e o isótopo do carbono, o ^{14}C, usado para realizar datação em fósseis.

Tabela 3.1 – Alguns isótopos radioativos, suas meias-vidas e sua atividade em 1 g de material

Isótopo	$t_{1/2}$	$\mathcal{A}$ (por grama)	Aplicação
$^{5}_{1}H$	$9 \cdot 10^{-23}$ s	$1,0 \cdot 10^{45}$ Bq	Uma das menores meias-vidas registradas (0,09 zs)
$^{128}_{52}Te$	$2 \cdot 10^{24}$ anos	12 µBq	Uma das maiores meias-vidas registradas
$^{14}_{6}C$	5 730 anos	170 GBq	Usado em datação
$^{137}_{55}Cs$	30,2 anos	3,2 TBq	Produto de fissão do U-235 e usado em equipamentos médico-hospitalares
$^{235}_{92}U$	$7 \cdot 10^{8}$ anos	80 kBq	Usado em reatores nucleares
$^{238}_{92}U$	$4,5 \cdot 10^{9}$ anos	12 kBq	Isótopo do urânio mais abundante do urânio na Terra
$^{135}_{54}Xe$	9,1 h	94 PBq	Um dos responsáveis pelo desastre no reator de Chernobyl
$^{32}_{15}P$	14,3 dias	11 PBq	Usado em medicina nuclear, bioquímica e biologia molecular

(continua)

(Tabela 3.1 – conclusão)

Isótopo	$t_{1/2}$	$\mathcal{A}$ (por grama)	Aplicação
$^{60}_{27}Co$	5,7 anos	42 TBq	Gerado incidentalmente em reatores pela reação de nêutrons com o Fe das estruturas de aço
$^{38}_{90}Sr$	28,8 anos	5,1 TBq	Produto de fissão do U-235
$^{226}_{88}Ra$	1 602 anos	36 GBq	Descoberto pelo casal Curie em 1898
$^{239}_{94}Pu$	24 100 anos	2,3 GBq	Usado em reatores e bombas
$^{90}_{39}Y$	64,1 h	20 PBq	Usado em tratamentos de linfoma
$^{131}_{53}I$	8,04 dias	4,6 PBq	Contaminante perigoso em acidentes e bombas nucleares

Fonte: Elaborado com base em Krane; Halliday, 1988.

Aplicando a lei fundamental na Equação 3.5, obtém-se:

$$\frac{N_0}{2} = N_0 e^{-\lambda_d t_{1/2}}$$

Dividindo ambos os lados por N_0 e aplicando o logaritmo na base e, obtemos:

$$\ln\left(\frac{1}{2}\right) = \ln\left(e^{-\lambda_d t_{1/2}}\right) \therefore \ln\left(\frac{1}{2}\right) = -\lambda_d t_{1/2}$$

Chegando a:

Equação 3.6

$$t_{1/2} = -\frac{1}{\lambda}\ln\left(\frac{1}{2}\right) \approx \frac{0,693}{\lambda_d}$$

Nessa equação, vincula-se a meia-vida à constante de decaimento (Heyde, 1999). Para medir a rapidez de decaimento de uma amostra, há, ainda, a vida-média de um núcleo, também dada em função de λ:

Equação 3.7

$$\tau = \frac{1}{\lambda_d} = \frac{t_{1/2}}{\ln 2} \approx 1,44 t_{1/2}$$

O Gráfico 3.2 apresenta a posição relativa entre τ e $t_{1/2}$ no decaimento. Observe que esses dois parâmetros são proporcionais e apresentam a mesma ordem de grandeza, o que significa que eles representam basicamente a mesma característica do isótopo radioativo.

Finalmente, é possível definir a **atividade** (ou **taxa de desintegração**) de uma amostra, que é o valor absoluto de sua desintegração:

Equação 3.8

$$\mathcal{A} = \left|\frac{dN}{dt}\right| = \lambda_d N_0 e^{-\lambda_d t} = \lambda_d N$$

Sua unidade no Sistema Internacional (SI) homenageia o físico francês Antoine Becquerel (1852-1908), pai da radioatividade, definindo que 1 becquerel (de símbolo Bq) equivale a uma desintegração por minuto. Outra unidade faz tributo à vencedora do Prêmio Nobel por duas vezes, Marie Curie: 1 curie (de símbolo Ci) é equivalente a 3,7 · 10^{10} Bq, e foi definido como a quantidade de desintegrações por segundo de uma amostra de 1 g de ^{226}Ra. As atividades de alguns isótopos são apresentadas também na Tabela 3.1.

Exercício resolvido

Dada que a atividade do thório-233 é de 3,7 · 10^7 Ci, determine:

a) A atividade em unidades do SI.
b) O número de átomos de Th-233 na amostra.
c) A meia-vida do Th-233.

Resolução

a) Primeiramente, é preciso transformar a atividade de Ci para Bq. Como 1 Ci = 3,7 · 10^{10} Bq, tem-se que:

$$\mathcal{A} = 3,7 \cdot 10^7 \left[\text{Ci}\right] \cdot \frac{3,7 \cdot 10^{10} \left[\text{Bq}\right]}{1 \left[\text{Ci}\right]} \Rightarrow \mathcal{A} = 1,37 \cdot 10^{18} \text{ Bq} = 1,37 \text{ EBq}$$

b) Como a massa molar é numericamente igual à massa atômica, consta, na tabela periódica, que $\mathcal{M}_{molar} = 232$ g/mol. Assim, dada a constante de Avogadro $N_A = 6,02 \cdot 10^{23}$ mol^{-1} e tendo a massa de apenas 1 g:

$$N = \frac{N_A}{\mathcal{M}_{molar}} = \frac{(6,02 \cdot 10^{23})}{(232)} \Rightarrow N = 2,59 \cdot 10^{21} \text{ átomos de } {}^{233}_{90}\text{Th}$$

c) Determinando, em primeiro lugar, a constante de decaimento, temos:

$$\mathcal{A} = \lambda_d N \Rightarrow \lambda_d = \frac{\mathcal{A}}{N} = \frac{1,37 \cdot 10^{18}}{2,59 \cdot 10^{21}} \Rightarrow \lambda_d = 5,28 \cdot 10^{-4} \text{ s}^{-1}$$

E, na sequência, a meia-vida é:

$$t_{1/2} = \frac{\ln 2}{\lambda_d} = \frac{\ln 2}{(5,28 \cdot 10^{-4})} \Rightarrow t_{1/2} = 1\,314 \text{ s} \approx 22 \text{ min}$$

3.3 Emissão α

Especulado por Rutherford com base em experimentos de 1902 e confirmado em 1908, a estrutura básica da partícula α é o núcleo de hélio-4. Trata-se, portanto, de dois nêutrons e dois prótons ligados (Krane; Halliday, 1988).

O que é

Resultado da repulsão coulombiana, a **emissão α** ocorre em núcleos grandes, conforme demonstraremos na sequência. Em virtude de sua grande massa, comparativamente às partículas elementares, ela apresenta um curto alcance e uma pequena penetração.

3.3.1 Ejeção das partículas α

Da conservação de carga e núcleons, o decaimento α pode ser representado pela equação com a seguinte estrutura:

Equação 3.9

$$_Z^A\left[\text{núcleo pai}\right] \rightarrow {}_{Z-2}^{A-4}\left[\text{núcleo filho}\right] + {}_2^4\alpha$$

Alternativamente, dada a natureza da partícula emitida, pode-se usar a seguinte expressão:

Equação 3.10

$$_Z^A\left[\text{núcleo pai}\right] \rightarrow {}_{Z-2}^{A-4}\left[\text{núcleo filho}\right] + {}_2^4\text{He}^{2+}$$

Como o núcleo-pai emite o núcleo de hélio-4, composto de dois prótons e dois nêutrons, o número atômico diminui no processo em duas unidades, e o número de massa, em quatro. Como há mudança em Z, o elemento químico é alterado. Essa simples conclusão, resultado da conservação das partículas, é conhecida em livros de química elementar (Feltre; Yoshinaga, 1979) como a *primeira lei de Soddy*.

Exemplificando

Um dos exemplos mais conhecidos é o decaimento α do átomo de urânio-235, ilustrada na Figura 3.4 e descrita pela equação:

Equação 3.11

$$^{235}_{92}U \rightarrow {}^{231}_{90}Th + {}^{4}_{2}\alpha$$

Figura 3.4 – Emissão α de um átomo de urânio-235 resultando em um átomo de tório-231 e uma partícula α

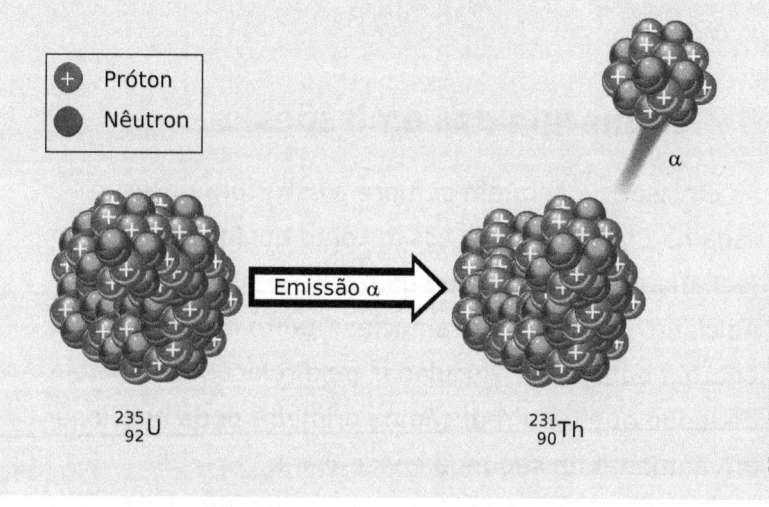

> **Exercício resolvido**

Escreva a equação balanceada para o decaimento α do tório-229.

Resolução

Para o tório-229, obviamente, $A = 229$ e, da tabela periódica, $Z_{Th} = 90$. Com a emissão de uma partícula α, tem-se:

$$Z_{filho} = Z_{Th} - 2 = 90 - 2 \Rightarrow Z_{filho} = 88 \rightarrow \text{rádio}$$

$$A_{filho} = A - 4 = 229 - 4 \Rightarrow A_{filho} = 255 \rightarrow {}^{225}_{88}\text{Ra}$$

Assim:

$$^{229}_{90}\text{Th} \rightarrow {}^{225}_{88}\text{Ra} + {}^{4}_{2}\alpha$$

3.3.2 Energia das emissões α

As emissões α seguem sempre a estrutura apresentada na Equação 3.9 e, assim como qualquer processo fechado, deve conservar sua massa e sua energia. Adicionalmente, na física nuclear, tanto massa quanto energia podem ser vinculadas pela relação de Einstein, de modo que uma redução na primeira pode ocasionar um aumento na segunda e vice-versa.

Da conservação de massa e energia em um sistema inicialmente em repouso, compreende-se que a massa do núcleo-pai que emite uma partícula α deve ser igual à massa do núcleo-filho somado à massa da partícula α emitida e das energias cinéticas das duas depois da emissão. Assim:

Equação 3.12

$$M_{pai}c^2 = M_{filho}c^2 + M_\alpha c^2 + K_{filho} + K_\alpha$$

Nessa equação, K_{filho} e K_α são, respectivamente, as energias cinéticas finais do núcleo-filho e da partícula α, e as massas de repouso dos núcleos pai e filho e da partícula α são, respectivamente, M_{pai}, M_{filho}, e M_α.

Essa diferença de massas, transformadas nas energias cinéticas, é essencial para determinar a probabilidade do decaimento. Em reações nucleares e químicas, a variação de energia de repouso do sistema é comumente chamada de **valor Q**, ou **energia de desintegração** (Gautreau; Savin, 1999). Da relatividade especial, esse parâmetro é definido como a diferença entre as energias de repouso inicial E_{0i} e final E_{0f}, portanto (Halliday; Resnick; Walker, 2016):

$$Q = E_{0i} - E_{0f}$$

Alguns autores, como Cottingham e Greenwood (2001), podem mostrar, somada ao final da Equação 3.9, a energia resultante da emissão, apresentando a reação nuclear na seguinte forma:

Equação 3.13

$$^A_Z\left[\begin{array}{c}\text{núcleo}\\\text{pai}\end{array}\right] \rightarrow {}^{A-4}_{Z-2}\left[\begin{array}{c}\text{núcleo}\\\text{filho}\end{array}\right] + {}^4_2\alpha + Q$$

Isolando os termos de energia cinética, determina-se esse parâmetro, que corresponde à energia liberada no decaimento $K_{filho} + K_\alpha = Q$:

Equação 3.14

$$Q = (M_{pai} - M_{filho} - M_\alpha)c^2$$

Essa energia deve ter valor positivo para que ocorra uma emissão espontânea. Da conservação de momento e da definição de energia cinética, pode ser obtida a energia cinética da partícula α em função do valor Q (Krane; Halliday, 1988):

Equação 3.15

$$K_\alpha = \frac{Q}{1 + \dfrac{M_\alpha}{M_{filho}}}$$

Essa equação pode ser usada para a energia emitida no decaimento. A partícula α é extremamente estável e fortemente ligada, além de ter uma massa pequena em comparação ao núcleo como um todo, favorecendo uma desintegração com mínima massa possível, mas máxima perda de energia cinética. A maior parte da energia liberada em uma reação de decaimento α fica, principalmente, com o próprio núcleo de hélio, por ser mais leve. Uma pequena quantidade, contudo, manifesta-se por meio do recuo do núcleo-filho, muito mais pesado.

3.3.3 Potencial da partícula α no núcleo

O decaimento α é mais favorável energeticamente em átomos com número de massa superior a 150. É possível observar no gráfico de nuclídeos (Gráfico 3.1) que praticamente não há núcleos instáveis que emitam partículas α para isótopos com número atômico menor do que 60 e com menos de 90 nêutrons. Isso ocorre em razão de a quantidade de energia necessária para a emissão de partículas tão grandes ser muito alta para núcleos pequenos (Wong, 2004).

O Gráfico 3.2 ilustra o perfil do potencial a que a partícula α é sujeita no núcleo, que fica confinada à esquerda da barreira ($r < R$). Nesse modelo, tal potencial existe em qualquer direção radial, o que implica a permanência da partícula dentro de um núcleo aproximadamente esférico. Esse perfil de potencial é vinculado à força nuclear, sobre a qual discorremos na Seção 1.5, com contribuições principalmente da força forte e da força coulombiana. À esquerda de R, a interação forte prevalece, mantendo o núcleo, na maior parte do tempo, coeso; à direita, a interação eletromagnética se torna mais intensa e o potencial apresenta seu característico perfil proporcional a $\frac{1}{r}$.

Esclarecemos que Q é a energia disponível para emissão da partícula α, o que não é suficiente para vencer a barreira e inviabiliza qualquer emissão, de acordo com a física clássica. Segundo o **efeito túnel**, todavia, uma partícula apresenta uma probabilidade finita de transpor uma barreira de potencial desse tipo. A probabilidade depende da distância que o "túnel" deve ter, ou a distância "percorrida" pela partícula abaixo da curva do potencial, nesse caso, equivalente ao segmento de linha tracejada, que vai de R a b. Embora a probabilidade de a partícula α atravessar a barreira seja pequena, o número de núcleos em uma amostra radioativa é tão grande que, eventualmente, algumas partículas tunelarão e, assim, a emissão α será realizada.

Gráfico 3.3 – Energia potencial associada à emissão de uma partícula α por um núcleo radioativo

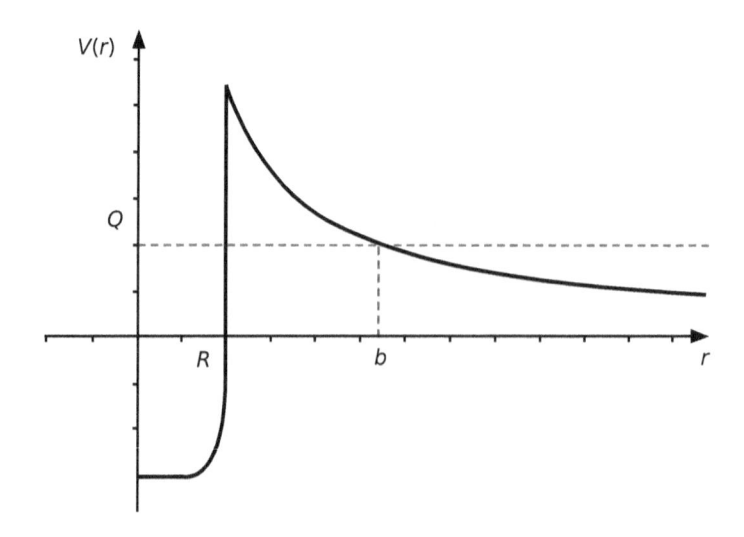

Núcleos pesados têm mais prótons, havendo uma contribuição mais expressiva da repulsão coulombiana. Nesses casos, a barreira é mais baixa e o túnel é mais

estreito. Assim, há uma probabilidade consideravelmente maior de ocorrência de uma emissão α e uma meia-vida menor. Outro regulador é o valor de Q, que pode ser compreendido em um exemplo: o isótopo do urânio ^{238}U, com $Q = 4,25$ MeV, apresenta uma meia-vida de $4,5 \cdot 10^9$ anos; já o ^{228}U tem $Q = 6,81$ MeV, mais elevado, que ocasiona uma barreira mais estreita e, consequentemente, uma meia-vida bem menor, de 9,1 min.

3.4 Emissão β

Sendo um dos fenômenos de decaimento nuclear mais antigos já observados, a emissão β é um processo espontâneo com energia de desintegração e meia-vida bem-definidas.

? O que é

Muitas vezes, a emissão β é definida, de forma muito simplificada, como a "emissão de um elétron pelo núcleo". Essa aparente redundância de termos para explicar uma mesma partícula existe porque passou por um longo processo de experimentação até ser completamente compreendida. Hoje, sabe-se que a emissão β extrapola a emissão de elétrons pelo núcleo, fato que exploraremos ao longo das próximas seções.

3.4.1 Elétrons e pósitrons ejetados pelo núcleo

Diferentemente da partícula α, que já está dentro do núcleo e somente é ejetada por meio do tunelamento, o elétron expulso não existe antes da emissão. Ele é "criado" pelo decaimento de um nêutron em um próton. O resultado é um estado mais estável e pode ser representado por:

Equação 3.16

$$n \to p + e^- + \bar{v}_e$$

Nessa equação, além do nêutron n, podem ser observados o próton p que permanece no núcleo e os léptons ejetados no processo: o elétron e^- e um antineutrino do elétron $\bar{v}_e$. Pode ser muito instrutivo rever a Figura 1.6 (b), que apresenta um diagrama de Feynman com o mesmo decaimento.

Ainda quanto à emissão β, o núcleo radioativo pode emitir a antipartícula do elétron, sobre o qual tratamos na Seção 1.4.4. Isso ocorre em razão de um processo mais raro do que o expresso na Equação 3.16, o decaimento do próton em um nêutron:

Equação 3.17

$$p \to n + e^+ + v_e$$

Essa expressão envolve, além do próton e do nêutron, a emissão de um pósitron e⁺ e de um neutrino de elétron v_e (Lilley, 2001).

Dessa forma, é possível definir o decaimento β por si. Pela conservação de carga e de núcleons, o decaimento β com emissão de elétrons pode ser representado por:

Equação 3.18

$$^A_Z\left[\begin{array}{c}\text{núcleo}\\ \text{pai}\end{array}\right] \rightarrow\ ^A_{Z+1}\left[\begin{array}{c}\text{núcleo}\\ \text{filho}\end{array}\right] + ^{\ 0}_{-1}\beta^- + \bar{v}_e$$

em que tanto o número atômico quanto o número de nêutrons são alterados em uma unidade, sendo o Z incrementado e o N, decrementado. Esse processo também recebe um nome específico em livros de química elementar, conhecido como a *segunda lei de Soddy* (Feltre; Yoshinaga, 1979).

Para a emissão de pósitrons, a equação é muito semelhante:

Equação 3.19

$$^A_Z\left[\begin{array}{c}\text{núcleo}\\ \text{pai}\end{array}\right] \rightarrow\ ^A_{Z-1}\left[\begin{array}{c}\text{núcleo}\\ \text{filho}\end{array}\right] + ^0_1\beta^+ + v_e$$

Aqui, os valores de Z e N também são alterados, mas inversamente. O número atômico aumenta e o de nêutrons diminui em uma unidade. Chamamos atenção para o fato de que, tanto na Equação 3.18 quanto na Equação 3.19, a emissão de um antineutrino $\bar{v}_e$ ou de um neutrino v_e não influi o número de massa ou atômico, mas é essencial para a conservação da energia e do momento da reação. O número de massa em ambos os casos, contudo, permanece inalterado (Krane; Halliday, 1988).

Como exemplo, podemos citar o decaimento β do átomo de rádio-228, ilustrado na Figura 3.5 e descrito como:

$$^{228}_{88}Ra \rightarrow {}^{228}_{89}Ac + {}^{0}_{-1}\beta^- + \bar{v}_e$$

Figura 3.5 – Emissão β⁻ de um átomo de rádio-228 resultando em um átomo de actínio-228, um elétron (β⁻) e um antineutrino ($\bar{v}_e$) do elétron

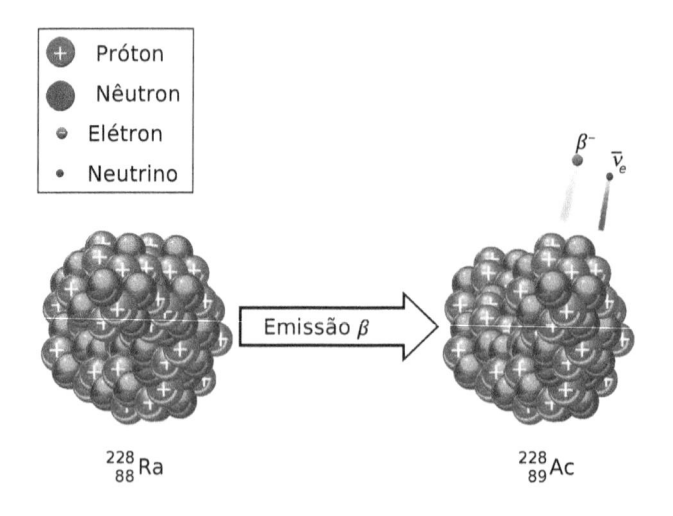

Exercício resolvido

Escreva a equação balanceada para o decaimento radioativo β⁻ do bismuto-213.

Resolução

Para o bismuto-213, obviamente, $A = 213$ e, da tabela periódica, $Z_{Bi} = 83$. Com a emissão de uma partícula β⁻, tem-se:

$$Z_{filho} = Z_{Bi} + 1 = 83 + 1 \Rightarrow Z_{filho} = 84 \rightarrow \text{polônio}$$

$$A_{filho} = A_{pai} = 213 \rightarrow {}^{213}_{84}Po$$

Assim:

$$^{213}_{83}Bi \rightarrow {}^{213}_{84}Po + {}^{0}_{-1}\beta^{-} + \bar{\nu}_e$$

3.4.2 Conservação de energia das emissões β

Da conservação de energia, em um sistema com o núcleo-pai em repouso, as expressões para o decaimento em elétron e um pósitron são iguais, uma vez que as partículas emitidas têm mesma massa:

Equação 3.20

$$M_{pai}c^2 = M_{filho}c^2 + m_e c^2 + K_{total}$$

em que M_{pai}, M_{filho}, m_e são as massas de repouso dos núcleos pai e filho e da partícula β, respectivamente.

A inexistência da contribuição do neutrino na Equação 3.20 decorre de sua massa, que apresenta valor tão pequeno que pode ser desconsiderado aqui.

Diferentemente da emissão α, que emite somente uma partícula, é necessário preocupar-se, aqui, com a distribuição de energia entre as partículas emitidas. A energia de desintegração, desse modo, é compartilhada entre os dois léptons emitidos, com a maior parte da energia podendo ficar tanto com o elétron quanto com o neutrino. Invariavelmente, todavia, o valor Q da emissão é a soma das energias cinéticas do elétron e do neutrino, sendo dado por:

$$Q = (M_{pai} - M_{filho} + m_e)c^2$$

O Gráfico 3.4 apresenta um esboço do espectro de energia cinética de elétrons (ou pósitrons) em um decaimento β. A ideia representada é somente uma compreensão qualitativa: os elétrons podem ser emitidos em uma faixa contínua de valores (diferentemente do valor fixo da emissão α), seguindo a probabilidade mostrada no gráfico. Sua energia, obviamente, não pode ultrapassar a energia total Q liberada na desintegração, situação na qual o neutrino apresenta energia cinética praticamente nula.

Gráfico 3.4 – Distribuição de energia cinética dos elétrons/pósitrons emitidos no decaimento β

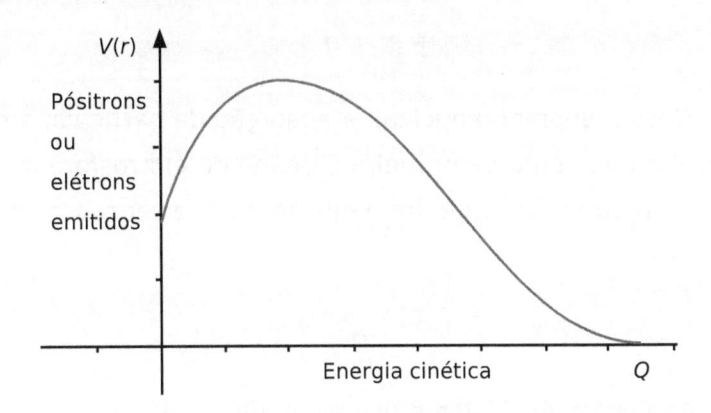

Com base em dados experimentais, esse gráfico também pode ser obtido por meio de uma ferramenta da física quântica, a regra de ouro de Fermi, que descreve a taxa de transição para um estado quântico quantizado para um contínuo, resultado de uma perturbação.

3.4.3 Captura de elétrons

A captura de elétrons pelo núcleo, diferentemente da emissão de elétrons ou de pósitrons, foi observada pela primeira vez em 1938, completando o grupo de processos a que se atribui o nome *decaimento* β (Krane; Halliday, 1988).

Internamente, a captura do elétron é representada pela transição de um próton p em um nêutron n mediante a captura de um elétron e^- e a emissão de um neutrino v_e, representado na seguinte equação:

Equação 3.21

$$p + e^- \rightarrow n + \nu_e$$

Nesse fenômeno nuclear, a absorção da partícula, em geral proveniente da primeira camada da eletrosfera, é seguida da emissão de um neutrino e pode ser representada como:

$$_{1}^{0}\beta^- + {}_{Z}^{A}\left[\begin{array}{c}\text{núcleo}\\ \text{pai}\end{array}\right] \rightarrow {}_{Z-1}^{A}\left[\begin{array}{c}\text{núcleo}\\ \text{filho}\end{array}\right] + \nu_e$$

Segue-se também a emissão de fótons de raios X em razão da queda de nível de energia no núcleo após a absorção do elétron. Como exemplo, podemos descrever a absorção eletrônica do átomo de berílio-7:

$$_{1}^{0}\beta^- + {}_{4}^{7}\text{Be} \rightarrow {}_{3}^{7}\text{Li} + \nu_e$$

Uma curiosa propriedade emana das descrições de transições entre hádrons nas Equações 3.16, 3.17 e 3.21 e do fato de o próton ser menos massivo do que o nêutron em duas delas. Embora o decaimento β seja um fenômeno nuclear, ele não envolve as forças forte e eletromagnética, as duas principais responsáveis pela estrutura nuclear. Ela resulta da força fraca e foi postulada por Fermi com base nesse fenômeno radioativo. A baixa intensidade da força fraca está atrelada a longos intervalos de tempo relacionados ao decaimento do nêutron, por exemplo (Das; Ferbel, 2003).

3.5 Emissão γ

Na emissão γ, os raios γ são gerados pela competição entre as duas interações fundamentais mais intensas: a força forte e a força eletromagnética. Inicialmente de natureza desconhecida, sabe-se hoje que eles não são nada mais do que ondas eletromagnéticas, como são as ondas de rádio e as micro-ondas.

De acordo com as leis de Maxwell para o eletromagnetismo clássico, as **ondas eletromagnéticas** foram assim batizadas por causa dos campos elétrico e magnético oscilantes que as formam, propagando-se na direção perpendicular a ambos com a velocidade da luz (c). Essas ondas, caracterizadas por sua frequência e seu comprimento (para mais detalhes, consulte o Quadro 1.1), apresentam diferentes nomes e aplicações, interagindo com a matéria cada uma a sua maneira. O Quadro 3.1, a seguir, apresenta o **espectro eletromagnético**, com a nomenclatura para diferentes faixas (aproximadas) de comprimentos de onda e frequências.

Quadro 3.1 – Espectro eletromagnético

Faixa do espectro	f		λ		Principais interações com a matéria
	De	Até	De	Até	
Ondas de rádio (OC/AM)	535 kHz	26 MHz	600 m	10 m	Oscilações coletivas de partículas

(continua)

(Quadro 3.1 – continuação)

Faixa do espectro	f		λ		Principais interações com a matéria
	De	Até	De	Até	
Ondas de rádio (UHF/VHF/FM)	54 MHz	806 MHz	10 m	400 mm	Oscilações coletivas de partículas
Micro-ondas	3 GHz	300 GHz	100 mm	1 mm	Oscilação plasma e rotação molecular
Infravermelho	1 THz	10 THz	300 μm	30 μm	Vibração molecular e oscilação plasma (apenas em metais)
Luz visível	100 THz	1 PHz	3 μm	300 nm	Excitação de elétron molecular e oscilação plasma (apenas em metais)
Ultravioleta	1 PHz	100 PHz	300 nm	3 nm	Excitação molecular e de elétrons de valência, incluindo ejeções de elétrons (efeito fotoelétrico)
Raios X	100 PHz	1 EHz	3 nm	300 pm	Excitação e ejeção de elétrons e efeito Compton (para números atômicos baixos)

(Quadro 3.1 – conclusão)

Faixa do espectro	f		λ		Principais interações com a matéria
	De	Até	De	Até	
Raios	10 EHz	10 ZHz	30 pm	30 fm	Ejeção energética de elétrons do átomo, efeito Compton (para todos os números atômicos) e excitação do átomo do núcleo, incluindo a dissociação do núcleo
Raios cósmicos	100 ZHz	⋮	30 fm	⋮	Criação de pares de partícula--antipartícula; um único fóton de alta energia pode criar várias partículas de alta energia e antipartículas por meio da interação com a matéria

Notas: OC: ondas curtas; AM: amplitude modulada.
Notas: UHF: ultra high frequency (frequência ultra-alta); VHF: very high frequency (frequência muito alta); FM: frequência modulada.

As faixas de frequências no espectro podem variar, uma vez que não compreendem valores exatos: um fóton com 3 EHz, por exemplo, pode ser enquadrado tanto nos raios γ quanto nos raios X. Há uma tendência, todavia, de enquadrá-lo nos raios γ se a origem da emissão for nuclear, e nos raios X, se for gerada por outra fonte (Tipler; Mosca, 2011).

Embora o modelo clássico ondulatório funcione em várias aplicações e não possa ser descartado, é necessário lançar mão do modelo corpuscular da onda eletromagnética. Fazendo jus à dualidade onda-partícula da luz, adota-se o conceito de **fóton** para compreender as emissões γ.

3.5.1 A emissão de radiação γ

Em geral, o fóton γ tem sua origem em um núcleo inicialmente em estado excitado, que realiza uma transição para um estado de energia mais baixa. Como a redução de energia é discreta, ocorre a emissão. Comparativamente, é possível afirmar que a emissão de radiação γ está para o núcleo assim como a emissão de raios X está para o átomo como um todo. Todavia, diferentemente das transições atômicas, que têm energias na faixa dos eV (elétron-volts), os fótons de raios γ gerados ficam entre dezenas de keV e MeV (Gautreau; Savin, 1999). A diferença em relação aos raios X se manifesta, portanto, no "tamanho" da queda, uma vez que as diferenças de energias entre os estados no núcleo são maiores, gerando um fóton mais energético.

Portanto, a energia de um fóton de frequência ω emitido em razão da transição do núcleo de um estado de energia mais elevado E_2 para um estado de energia mais baixa E_1 é:

Equação 3.22

$$\hbar\omega = E_1 - E_2$$

Esse conceito deriva da relação de Planck-Einstein. Como a diferença de energia é proporcional à frequência em $\Delta E = \hbar\omega$, a queda maior na energia entre estados no núcleo gera um fóton com frequência maior (γ), e a queda menor entre estados do elétron na eletrosfera gera um fóton com frequência menor (raios X). Observadas em todos os núcleos com estados excitados ligados, tais quedas geralmente ocorrem após emissões de partículas α ou β, uma vez que ambas comumente deixam o núcleo em estado excitado.

Embora as meias-vidas de núcleos excitados que decaem em raios γ sejam muito pequenas, na faixa dos nanossegundos, há casos nos quais elas podem chegar a horas ou, até mesmo, a dias. Esses núcleos em estados excitados de longa vida, ou metaestáveis, são chamados de **isômeros** (ou *estados isoméricos*), ao passo que as transições para estados de menor energia são denominadas **transições isoméricas**. Tais estados são geralmente indicados pela letra *m* acompanhando o número de massa, como no isômero prata-110m ($^{110}Ag^m$ ou ^{110m}Ag) ou no núcleo responsável por uma revolução no diagnóstico por imagem da medicina nuclear, o tecnécio-99m ($^{99}Tc^m$ ou ^{99m}Tc).

Alternativamente, na queda de nível de energia nuclear, a emissão γ pode dar lugar a um processo chamado de **conversão interna**, em que o núcleo cede energia diretamente para um elétron da eletrosfera, que passa a ser um elétron livre e deixa o átomo ionizado. É importante frisar, no entanto, que o elétron ejetado não vem do núcleo e, por isso, não pode ser classificado como uma emissão β (Krane; Halliday, 1988).

Por ser uma onda eletromagnética, a radiação γ não altera carga, número de massa ou número atômico, sendo comum representar o decaimento como:

$$\left(_Z^A\left[\begin{array}{c}\text{núcleo}\\\text{pai}\end{array}\right]\right) \rightarrow {}_Z^A\left[\begin{array}{c}\text{núcleo}\\\text{pai}\end{array}\right] + \gamma$$

Exercício resolvido

Um núcleo iodo-123 tem meia-vida de pouco mais de 13 horas e decai pela captura de um elétron em um telúrio-123, emitindo um fóton γ com energia de 159 MeV. Determine:

a) a frequência;

b) o comprimento de onda do fóton γ.

Resolução

a) Inicialmente, converte-se a energia do fóton para o SI:

$$E_\gamma = 159\,\text{MeV} = 159 \cdot 10^6 [\text{eV}] \frac{1{,}602 \cdot 10^{-19}[\text{J}]}{1[\text{eV}]} \Rightarrow E_\gamma = 2{,}55 \cdot 10^{-11}\,\text{J}$$

Usando a relação de Planck-Einstein, tem-se:

$$E_\gamma = h f_\gamma \Rightarrow f_\gamma = \frac{E_\gamma}{h} = \frac{(2{,}55 \cdot 10^{-11})}{(6{,}63 \cdot 10^{-34})} \Rightarrow f_\gamma = 3{,}84 \cdot 10^{22}\,\text{Hz}$$

b) O comprimento de onda pode ser obtido da expressão para a velocidade de ondas eletromagnéticas. Sendo a velocidade da luz no vácuo $c = 3 \cdot 10^8$ m/s, tem-se:

$$c = \lambda f_\gamma \Rightarrow \lambda = \frac{c}{f_\gamma} = \frac{(3 \cdot 10^8)}{(3{,}84 \cdot 10^{22})} \Rightarrow \lambda = 7{,}81\,\text{fm}$$

3.5.2 Séries radioativas

Em virtude da quantidade de energia necessária, os processos envolvidos na fusão de núcleos dentro de estrelas não permitem a criação de elementos maiores do que o $_{26}$Fe. Isso significa que, para formar elementos classificados como pesados, especificamente com $Z > 26$, devem ocorrer eventos cósmicos mais energéticos do que as fusões nucleares estelares.

A formação do Sistema Solar foi precedida por uma série de criações e destruições de estruturas acompanhada da emissão de quantidades massivas de energia. Especula-se que vários elementos radioativos presentes na crosta terrestre foram formados de supernovas, poderosos eventos resultantes principalmente da morte de estrelas massivas. Essas explosões, ocorridas por volta de 6 bilhões de anos atrás, geraram a poeira que se agruparia para formar o Sistema Solar, incluindo nosso planeta.

A idade da Terra, de aproximadamente $4,5 \cdot 10^9$ anos (ou 4,5 bilhões de anos), possibilita a existência em sua crosta de três **séries radioativas** que ocorrem naturalmente, com cada uma encabeçada por um nuclídeo de meia-vida longa.

Na primeira parte do Gráfico 3.5, o urânio-238, com meia-vida de $t_{1/2} = 4,47 \cdot 10^9$ anos, começa a **série do urânio**, que termana com o chumbo-206. Na segunda, o urânio-235, com meia-vida de $t_{1/2} = 7,13 \cdot 10^8$ anos, encabeça a **série do actínio**, que termina com o chumbo-207. O nome se deve à compreensão inicial de que não havia outros elementos que decaíssem no $^{277}_{89}Ac$. Na terceira, o tório-232, com meia-vida de $t_{1/2} = 1,4 \cdot 10^{10}$ anos, inicia a **série do tório**, que termina com o chumbo-208.

Gráfico 3.5 – Séries radioativas do urânio (a), do actínio (b) e do tório (c)

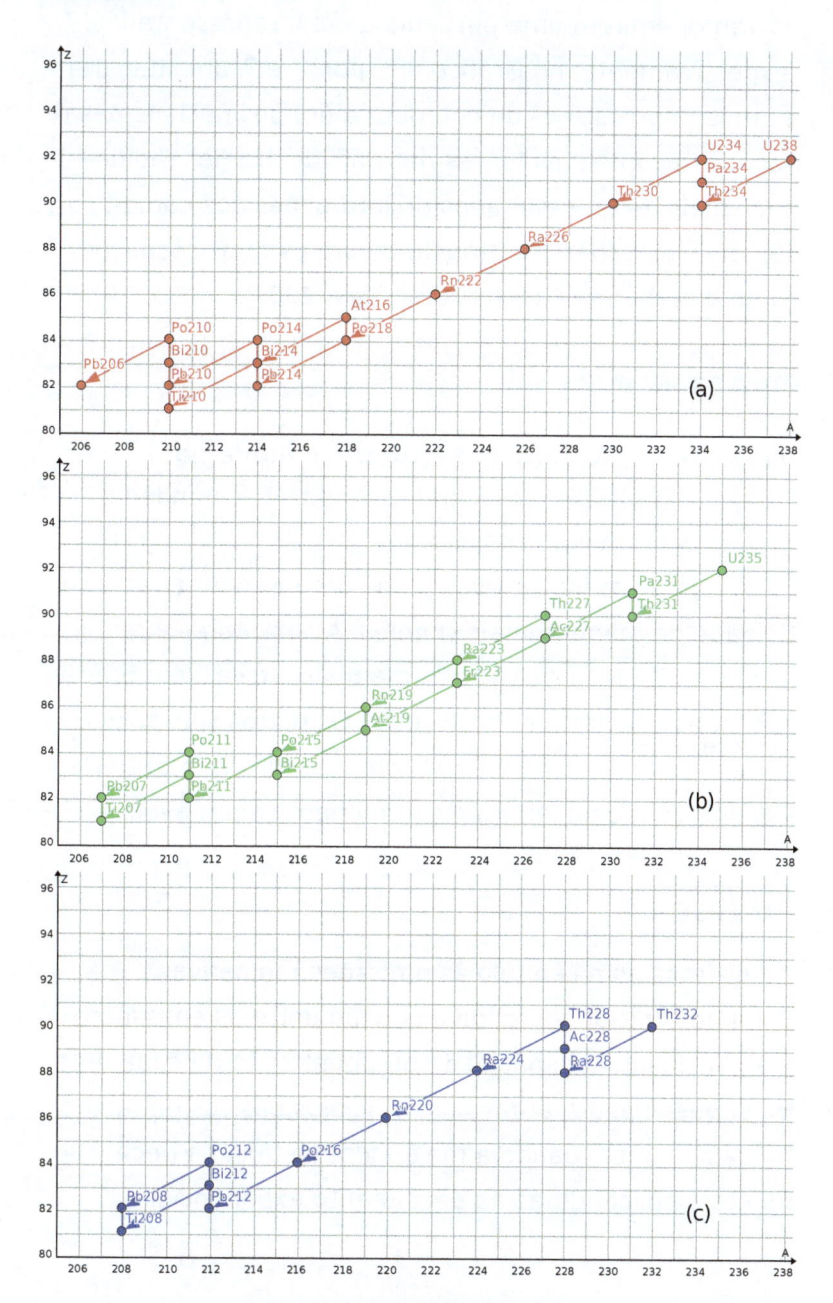

Os nuclídeos presentes em cada uma dessas cadeias, portanto, emitem uma partícula α ou β, representadas, respectivamente, no Gráfico 3.5, por ╱ e ↑, até chegarem a um isótopo estável do chumbo. Além dos núcleos pesados, destacam-se as fontes naturais de átomos radioativos mais leves, resultados de interações das camadas mais externas da atmosfera com os raios cósmicos, como o carbono-14 ou o trítio (Lilley, 2001).

Para saber mais

DAMASIO, F.; TAVARES, A., **Perdendo o medo da radioatividade**: pelo menos o medo de entendê-la. Campinas: Autores Associados, 2017.

Esse é um livro mais "leve" para compreender a radioatividade de maneira mais simples. A obra apresenta temas da física nuclear de forma mais lúdica, sem preocupações extremas com cálculos. Os textos são curtos, de fácil compreensão e permitem o aprofundamento no assunto com uma leitura extremamente agradável.

Síntese

Dedicamos este capítulo às emissões radioativas. Tratamos, inicialmente, da distinção entre as emissões α, β e γ, incluindo a capacidade de penetração de cada uma. Na sequência, discutimos os princípios básicos da radioatividade, conceituando a meia-vida e a taxa de decaimento e aplicando-as ao decaimento exponencial.

Por fim, discutimos as particularidades das radiações α, β e γ, incluindo a conservação de cargas, energia e massa.

Questões para revisão

1) Leia o texto a seguir.

> O que significa o símbolo da radiação? O desenho é chamado trifólio, o mesmo nome que se dá às ervas com folhas em forma de trevo. Mas ninguém ainda conseguiu explicar com segurança a sua origem. [...] explica o físico americano Paul Frame, da Universidade de Michigan, "[...] é possível que o círculo central represente a fonte radioativa e as três pás indiquem os diferentes tipos de radiação: alfa, beta e gama".
> (O perigo..., 2016)

Com base em seus conhecimentos acerca dos tipos de radiação, analise as afirmativas a seguir e a relação proposta entre elas.

I) As radiações α, β e γ podem ser distinguidas por meio de seu comportamento em um campo magnético,

PORQUE

II) as radiações α, β, e γ apresentam cargas elétricas positiva, negativa e nula, respectivamente.

A respeito dessas proposições, é correto afirmar que:

a) I é verdadeira, e a II é falsa.
b) I é falsa, e a II é verdadeira.
c) I e II são verdadeiras, mas a II não justifica a I.
d) I e II são falsas.
e) I e II são verdadeiras, e a II justificativa a I.

2) Leia o texto a seguir.

Em 1899, André-Louis Debierne (1874-1949), [...] procurou observar se, nas frações obtidas no processamento da pechblenda [...] não haveria outras frações radioativas além daquelas que o casal Curie havia identificado. [...] Dentre as várias frações obtidas, a que continha titânio apresentava uma radioatividade considerável. [...] Em 1900, ele observou que as propriedades químicas desse elemento guardavam semelhanças com o tório. O nome escolhido por Debierne, actínio, provém do grego *aktis* (ou *aktinos*), significando raio. O actínio foi o sexto elemento radioativo identificado (após urânio, tório, polônio, radônio e rádio). (Afonso, 2012, p. 41)

Dada a atividade de um de seus isótopos, o actínio-227, de 72,4 Ci, determine, para uma amostra de 1 g, a atividade, em unidades do SI, o número de átomos de Ac-227 na amostra e a meia-vida do Ac-227.

3) Leia o texto a seguir.

> Quem arquitetou a morte do ex-espião russo Alexander Litvinenko [...] certamente deu uma boa olhada num manual de física nuclear antes. O veneno escolhido – o elemento radioativo polônio – emite principalmente uma forma de radiação que não afeta quem o carrega, e só tem efeitos (aí sim devastadores) quando o polônio é engolido ou inalado. Também é muito difícil detectar o elemento à distância, o que favorece a discrição indispensável a um assassino profissional.
> Para a saúde humana, os efeitos podem ser desastrosos. A radiação causa dano severo às moléculas orgânicas, concentrando sua ação principalmente nos rins, baço e fígado. Uma mesma quantidade de polônio é centenas de bilhões de vezes mais tóxica, nessas condições, que o cianeto, por exemplo. (Lopes, 2006)

Escreva a equação balanceada para o decaimento α do polônio-210, utilizado também como fonte de energia em satélites.

4) Leia o texto a seguir.

> Com o derretimento de geleiras instáveis nas bordas da Antártida ocidental, projetos internacionais têm recorrido a novos métodos para investigar a região mais instável do continente. A ideia é buscar respostas para as incertezas acerca do ritmo e causas desse processo e estimar quando podem colapsar. [...]

Um estudo recém-publicado mostrou que as geleiras Pine e Thwaites encolhem mais rápido do que nos últimos 5 000 anos. Cientistas usaram datação por carbono-14 para estimar a idade de conchas e ossos de pinguim antigos encontrados em praias próximas às geleiras, a fim de estimar variações no mar do passado.
(Loreto, 2022)

A equação balanceada que mostra o decaimento β⁻ do carbono-14 analisado na datação das conchas é:

a) $^{14}_{6}C \rightarrow {}^{10}_{4}Be + \beta^- + \bar{v}_e$.

b) $^{14}_{6}C \rightarrow {}^{15}_{6}C + \beta^- + \bar{v}_e$.

c) $^{14}_{6}C \rightarrow {}^{18}_{8}O + \beta^- + \bar{v}_e$.

d) $^{14}_{6}C \rightarrow {}^{14}_{7}N + \beta^- + \bar{v}_e$.

e) $^{14}_{6}C \rightarrow {}^{14}_{5}B + \beta^- + \bar{v}_e$.

5) Leia o texto a seguir.

Na medicina, os radioisótopos de vida longa são utilizados no estudo, diagnóstico e tratamento de diversas doenças (Iodo 131 para o mapeamento da tireoide; Flúor-18 para o exame PET-CT; e Tecnécio 99m para a cintilografia do miocárdio, por exemplo).

Na agricultura, os isótopos radioativos são aplicados aos adubos e fertilizantes a fim de estudar a capacidade de absorção desses compostos pelas plantas. Na indústria, esses elementos são utilizados na conservação de alimentos, no estudo da depreciação de materiais, na esterilização de objetos cirúrgicos e na detecção de vazamentos em oleodutos. (Piovesan, 2022)

O tecnécio-99m, por ser metaestável, realiza um decaimento que pode ser dividido em duas etapas: primeiramente, ocorre a emissão de um fóton γ com energia de 141 keV, com equação $^{99m}_{43}Tc \rightarrow \,^{99}_{43}Tc + \gamma$, seguida de um decaimento β com equação $^{99}_{43}Tc \rightarrow \,^{99}_{44}Ru + \,^{0}_{-1}\beta$. O comprimento de onda do fóton γ emitido no decaimento é de, aproximadamente:

a) 1,00 pm.
b) 8,80 pm.
c) 2,25 pm.
d) 3,41 pm.
e) 9,90 pm.

Questões para reflexão

1) Certa substância radioativa tem dado número de partículas radioativas inicial, dito N_0. Qual será o número dessas partículas depois do intervalo de tempo equivalente à meia-vida? Quantas partículas radioativas existirão no tempo de duas meias-vidas? Considere que a partícula do exemplo decai em um núcleo estável.

2) Realize a seguinte simulação de um decaimento radioativo presente em Carvalho e Oliveira (2017), com a possibilidade de substituir os chocolates (chamados aqui de *chocolátons*) por Skittles:

Os físicos descobriram uma nova partícula, os *chocolátons*, e vamos investigar suas propriedades. Uma dessas partículas, denominada "M&M", tem a propriedade interessante de que tende a decair, isto é, tende a desaparecer, mas de forma muito especial, que veremos no seguinte experimento.

Material necessário:

Um pacote grande de chocolates "M&M"
Uma bandeja com bordas elevadas

Procedimento

a) Obtenha e conte uma quantidade inicial de *chocolátons*. Anote a contagem como C(0).
b) Despeje as partículas numa bandeja. Quando os "M&Ms" perdem sua energia e entram em repouso, você notará que algumas das partículas estão diferentes. Alguns "M&Ms" têm um "M" branco visível. Tais partículas decaíram e agora são comestíveis (coma todos os "M&Ms" que estão com o "M" para cima).

c) Conte o número de *chocolátons* que sobraram (os que estão com o "M" para baixo). Anote o número como C(1).

d) Repita os passos b) e c), mudando o número da contagem para C(2), C(3) etc., até completar 10 contagens ou até acabarem os *chocolátons* (se as partículas acabarem, não inclua a contagem zero nas suas anotações).

e) Faça um gráfico do número de "M&Ms" restantes em função do número de lançamentos. Isto é, o número de "M&Ms" ficará no eixo-y (variável dependente), e o número de contagens no eixo-x (variável independente). Trace uma curva suave ligando os pontos. Essa será a curva de decaimento dos seus doces.

f) A meia-vida das partículas é o número de lançamentos necessários para que metade do número inicial de partículas tenha decaído. Qual a meia-vida dos *chocolátons*? Compare seus resultados com os dos seus colegas, levando em conta que eles começaram com um número diferente de partículas.

Fonte: Carvalho; Oliveira, 2017, p. 47-48, grifo do original.

Reações nucleares

4

Conteúdos do capítulo

- Introdução às reações nucleares.
- Fissão nuclear.
- Reatores de fissão.
- Fusão nuclear.
- Fusões nucleares controladas.

Após o estudo deste capítulo, você será capaz de:

1. descrever os processos de reação nuclear;
2. relatar o processo de fissão nuclear;
3. descrever o processo de fissão dentro dos reatores nucleares;
4. identificar o processo de fusão nuclear.
5. discutir os processos de fusão controlada atualmente realizados.

4.1 Introdução às reações nucleares

Grande parte do conhecimento associado às propriedades dos núcleos atômicos provém dos dados obtidos mediante experimentos com reações nucleares. Em pesquisas dessa área, as partículas são arremessadas e geram um espalhamento, cujo resultado depende basicamente de três fatores: (1) do mecanismo de reação; (2) da interação entre o projétil e o alvo; e (3) da estrutura interna do núcleo (Wong, 2004).

Em geral, a reação ocorre quando um projétil, uma partícula elementar, raios γ ou mesmo um pequeno núcleo, atinge um núcleo-alvo e resulta em um núcleo residual, geralmente não observado, tendo uma ou mais partículas detectadas experimentalmente. Essas reações, nas quais devem ser conservados a carga elétrica e o número de núcleons envolvidos, são indicadas na forma de equação:

Equação 4.1

$$[\text{projétil}] + \begin{bmatrix}\text{núcleo} \\ \text{alvo}\end{bmatrix} \rightarrow \begin{bmatrix}\text{núcleo} \\ \text{residual}\end{bmatrix} + \begin{bmatrix}\text{partícula} \\ \text{detectada}\end{bmatrix}$$

Ou, de forma condensada:

Equação 4.2

$$\begin{bmatrix}\text{núcleo} \\ \text{alvo}\end{bmatrix}\left([\text{projétil}], \begin{bmatrix}\text{partícula} \\ \text{detectada}\end{bmatrix}\right)\begin{bmatrix}\text{núcleo} \\ \text{residual}\end{bmatrix}$$

Esta última forma é muito conveniente para classificar algumas reações. As várias reações que consistem em núcleos sendo bombardeados por partículas α e emitindo nêutrons, por exemplo, podem ser resumidas como *reações do tipo (α, n)*.

A reação nuclear observada por Ruhterford, em 1919, seria representada por equações como:

$$_2^4\alpha + {}_7^{14}N \rightarrow {}_8^{17}O + {}_1^1 p$$

$$_7^{14}N(\alpha, p)_8^{17}O$$

É ainda possível encontrar algumas variações na literatura, como (Gautreau; Savin, 1999):

$$_2^4He + {}_7^{14}N \rightarrow {}_8^{17}O + {}_1^1 H$$

$$^{14}N(\alpha, p)^{17}O$$

4.1.1 Classificação das reações nucleares

As reações nucleares devem obedecer aos pressupostos básicos da física de conservação de momento linear, conservação de momento angular, conservação de energia e conservação de carga elétrica, além da conservação do número de massa. Em geral, elas ocorrem em duas etapas, iniciando com a formação de um núcleo composto altamente excitado (implícito nas equações) e completando-se com sua decomposição. Elas podem ser classificadas de diversas formas; as mais populares estão destacadas a seguir.

O **espalhamento elástico** é representado por reações na forma:

Equação 4.3

$$\underbrace{[x]}_{\text{projétil}} + \underbrace{[x]}_{\substack{\text{núcleo} \\ \text{alvo}}} \rightarrow \underbrace{[x]}_{\substack{\text{núcleo} \\ \text{residual}}} + \underbrace{[x]}_{\substack{\text{partícula} \\ \text{detectada}}}$$

Nessa equação, o núcleo-alvo e o núcleo residual são iguais e o projétil é a partícula detectada no fim do processo. Trata-se de uma colisão considerada elástica em razão de a variação entre a energia cinética inicial e a final ser desprezível.

Já o **espalhamento inelástico** tem representação na forma da seguinte equação:

Equação 4.4

$$\underbrace{[x]}_{\text{projétil}} + \underbrace{[x]}_{\substack{\text{núcleo} \\ \text{alvo}}} \rightarrow \underbrace{[x]^*}_{\substack{\text{núcleo} \\ \text{residual}}} + \underbrace{[x]}_{\substack{\text{partícula} \\ \text{detectada}}}$$

Nessa equação, somente a energia e o momento são transferidos. Diferentemente do espalhamento elástico, no núcleo residual $\left([x]^*\right)$, é indicado um estado excitado que, geralmente, decai rapidamente, emitindo um fóton γ.

As demais reações são chamadas de **transmutações nucleares** por causa da formação de um núcleo residual diferente do núcleo-alvo. Como exemplo, podemos citar a **reação de *knockout*** (Krane; Halliday, 1988).

Equação 4.5

$$[x] + [X] \to [y] + [x] + [y]$$

projétil — núcleo alvo — núcleo residual — partícula detectada — outra partícula

Essa reação ocorre quando a partícula detectada é acompanhada por outra, geralmente um núcleon.

Outro exemplo é a **reação fotonuclear** (γ, n), na qual o projétil é um fóton γ, e um nêutron *n* é emitido no processo.

Equação 4.6

$$\gamma + [X] \to [y] + n$$

projétil — núcleo alvo — núcleo residual — partícula detectada

4.1.2 Seção de choque (*cross-section*)

A probabilidade de ocorrência de uma reação nuclear está vinculada a um parâmetro conhecido como **seção de choque** (*cross-section*, em inglês). Como o nome sugere, ela está relacionada a colisões de partículas com o núcleo. Sua dimensão é igual à área, sendo expressa comumente em barns (b):

$$1\ b = 10^{-28}\ m^2 = 100\ fm^2$$

Essa dimensão de superfície é comparável à seção de choque de um núcleo com número de massa $A = 100$ (Lilley, 2001).

A seção de choque é a área transversal, ou área-alvo, que um núcleo sujeita às partículas incidentes. Com isso, chega-se à probabilidade de uma reação nuclear ocorrer em dada região do material, ou seja, a reação será mais provável quanto maior for o valor da seção transversal.

Conceitualmente, tem-se que:

$$\sigma = \frac{\text{número de reações por unidade de tempo por núcleo}}{\text{número de projéteis incidentes por unidade de tempo por unidade de área}}$$

Embora de forma um pouco confusa, podemos também reescrever essa definição como:

$$\sigma = \frac{\dfrac{N_{Reaç}}{tN_{núc}}}{\dfrac{N_{proj}}{tA_s}}$$

Contudo, observe primeiramente que tanto o numerador quanto o denominador são taxas temporais, eliminando a dependência do tempo na seção de choque. Com base na razão existente entre os números de partículas emitidas e atingidas, o valor de σ torna-se independente da quantidade de partículas incidentes e do material do qual é feito o alvo.

Em um modelo extremamente simplificado, no qual cada núcleo é uma esfera de raio R e as partículas incidentes são aproximadamente pontuais, compreende-se que a seção de choque é $\sigma = \pi R^2$. Todavia, esse parâmetro passa a ter um caráter estatístico quando os alvos, os núcleos, são muito menores do que o feixe. Se incidirmos um feixe em uma área A por intermédio de uma fina folha de material com $N_{núc}$ núcleos, de uma pequena espessura ℓ_{esp}, conforme mostrado na Figura 4.1, cada partícula apresenta uma probabilidade de colisão dada pelo número de reações dividido pelo número de projéteis, por meio do produto $N_{núc}\sigma/A_s$.

Figura 4.1 – Diagrama de um feixe de partículas incidindo sobre um alvo estacionário

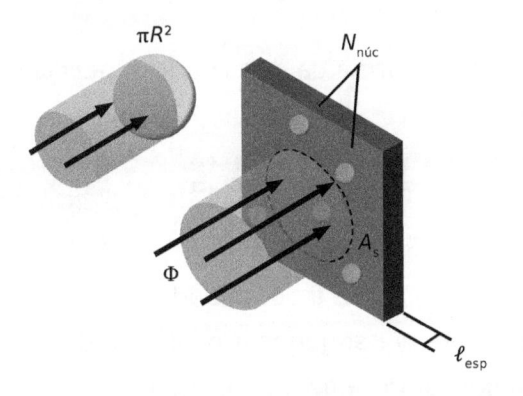

Assume-se que todas as partículas têm a mesma velocidade v e a densidade volumétrica de projéteis dada por:

$$n_{proj} = \frac{N_{proj}}{A_s \ell_{esp}}$$

Nessa equação, os N_{proj} projéteis ocupam um volume equivalente ao do cilindro de base A_s e altura ℓ_{esp}. Desse modo, o fluxo do feixe pode ser definido como o número de partículas que o atravessam perpendicularmente por unidade de área do alvo por unidade de tempo:

$$\Phi = \frac{N_{proj}}{A_s t} = \frac{N_{proj}}{A_s t} \cdot \frac{\ell_{esp}}{\ell_{esp}} \quad \therefore \quad \Phi = n_{proj} v$$

Também se pode considerar o fluxo em função da densidade volumétrica das partículas e da velocidade. Supondo que os núcleos não são interagentes entre si, a **taxa de reações** é dada por:

$$\mathcal{R} = \Phi N_{núc} \sigma$$

Ou, ainda, na forma da densidade superficial da taxa de reações:

$$\frac{\mathcal{R}}{A_s} = \frac{\Phi N_{núc} \sigma}{A_s}$$

Essa equação mede a quantidade de colisões por unidade de área por segundo. Considerando-se a intensidade do feixe como $I = \Phi A_s$, a taxa fica:

Equação 4.7

$$\mathcal{R} = \Phi \frac{N_{núc} \sigma A_s}{A_s} \frac{\ell_{esp}}{\ell_{esp}} = \quad \therefore \quad \mathcal{R} = I \sigma n_t \ell_{esp}$$

Sendo o número de núcleos no alvo por unidade de volume igual a:

$$n_{núc} = \frac{N_{núc}}{A_s \ell_{esp}}$$

Uma vez que o alvo consiste em isótopos de massa M_A, tem-se que:

$$\mathcal{R} = \frac{I(\rho t)\sigma N_A}{M_A}$$

Nessa equação, ρ é a densidade do alvo, $N_A = 6{,}022 \cdot 10^{23}$ mol^{-1} é a constante de Avogadro e o produto (ρt) corresponde à densidade superficial de material no alvo (dado em unidades de massa por área).

Embora tenhamos usado o termo *colisão* nesta seção, o procedimento aqui descrito pode substituir qualquer processo nuclear. Há, por exemplo, a seção de choque para o espalhamento σ_{esp}, que pode ser separada em seções de choque para espalhamento elástico σ_{el} e inelástico σ_{in}. É possível também definir uma seção de choque para um tipo específico de partícula ou para reações individuais, como $\sigma(\alpha, n)$ ou $\sigma(\rho, \alpha)$. O procedimento, nesses casos, é o mesmo:

I. Em um experimento, são contados os eventos, como os espalhamentos ou as colisões.
II. São medidos os valores de fluxo Φ e a densidade volumétrica de núcleos N.
III. A seção de choque é obtida pela Equação 4.7.

Uma vez obtidas as seções de choque para todos os processos possíveis, realizamos a soma de todos os σ, obtendo a **seção de choque total σ_t**.

Apesar da sedutora ideia de considerar a seção de choque apenas as áreas disponíveis para colisões dos núcleos, é preciso lembrar que sua definição advém de um número de eventos nucleares resultantes de um conjunto de condições experimentais específicas. Seu valor pode variar muito nas seções geométricas, além de, quando a seção é sujeita a reações nucleares distintas, haver uma variação extrema em razão da variação da resposta dos alvos nucleares aos projéteis (Kaplan, 1978).

4.2 Fissão nuclear

A fissão nuclear foi descoberta em experimentos de síntese dos elementos transurânicos. Após várias tentativas de criação de elementos com altos números atômicos pelo bombardeamento de nêutrons em urânio, inesperadamente não havia uma detecção suficiente de isótopos de número atômico superiores a 92. Em vez disso, foram obtidos átomos com massas atômicas intermediárias (Kaplan, 1978), evidenciando uma reação distinta.

4.2.1 A reação de fissão nuclear

A reação de fissão nuclear e o decaimento α apresentam uma sistemática muito semelhante, porque ambas consistem em divisões de núcleos atômicos. Todavia, diferentemente do decaimento α, no qual o núcleo pesado emite uma partícula leve e se transforma em outro núcleo pesado, a fissão é um processo mais "simétrico".

A fissão pode ocorrer tanto naturalmente, sendo chamada, nesse caso, de **fissão espontânea**, quanto ser induzida por reações como a captura de nêutrons, classificada como **fissão induzida**.

A maior parte do conhecimento adquirido sobre física nuclear, todavia, tem relação com a fissão induzida, uma vez que o processo natural é raro (Wong, 2004). Além das emissões α e β, a tabela de nuclídeos do Gráfico 2.1 apresenta alguns isótopos pesados cujos decaimentos mais prováveis são fissões espontâneas.

A fissão nuclear induzida apresenta, em geral, a seguinte estrutura:

Equação 4.8

$$[\text{projétil}] + \begin{bmatrix}\text{núcleo} \\ \text{físsil}\end{bmatrix} \rightarrow \begin{bmatrix}\text{fragmento} \\ \text{de fissão}\end{bmatrix} + \begin{bmatrix}\text{fragmento} \\ \text{de fissão}\end{bmatrix} + \begin{bmatrix}\text{outras} \\ \text{partículas}\end{bmatrix}$$

Ela se diferencia da fissão espontânea, basicamente, por conter um projétil atingindo o núcleo físsil. A separação, assim, resulta em dois núcleos de massas mais próximas, conhecidos como **fragmentos de fissão** (Cottingham; Greenwood, 2001).

A Figura 4.2 ilustra a fissão estimulada do U-235, que pode ser representada pela equação:

$$n + {}^{235}_{92}U \rightarrow {}^{236}_{92}U^* \rightarrow {}^{147}_{57}La + {}^{87}_{35}Br + 2n$$

Nessa reação, após a absorção de um nêutron externo, o núcleo atingido se transforma em urânio-236, um isótopo mais suscetível à fissão espontânea. Rapidamente o núcleo instável se divide em dois menores, o bromo-87 e o lantânio-147, além de dois nêutrons acompanhados de uma grande liberação de energia. Como os núcleos são essencialmente cargas positivas, a separação inicial diminui a influência da força nuclear forte, fazendo a força coulombiana prevalecer após a fissão e acentuar a separação dos fragmentos. A energia proveniente da reação é liberada, portanto, por meio da energia cinética dos núcleos menores e dos nêutrons, além de eventuais emissões de raios γ. A radiação eletromagnética de alta frequência é gerada em razão da necessidade de vários megaelétron-volts de energia para a formação dos núcleos originais, liberados na fissão.

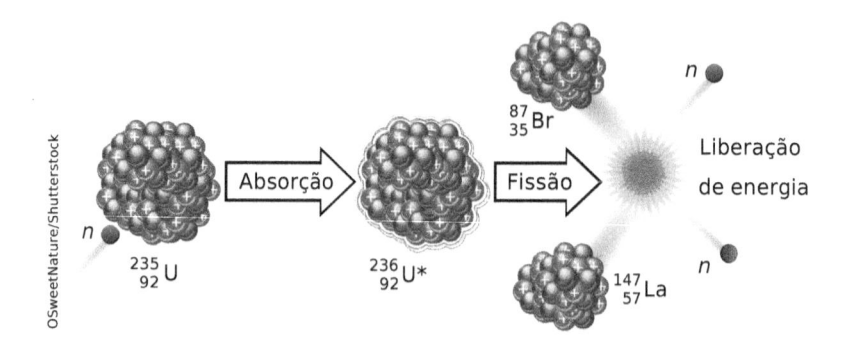

Figura 4.2 – Representação da fissão do U-235

Uma característica marcante desse processo é a possibilidade do encadeamento de reações, ou seja, a emissão de energia de um átomo individual fissionado pode gerar uma reação em um ou mais núcleos próximos. Cada fissão gera, além dos dois núcleos pesados, nêutrons emitidos. Assim, outros núcleos nas proximidades podem absorver tais núcleos e ocasionar, cada um, seu próprio processo de fissão. A sequência de absorção de um nêutron, fissão do núcleo e emissão de vários nêutrons acarreta uma reação em cadeia, com emissão de grande quantidade de energia.

4.2.2 Modelamento da fissão nuclear

Os nêutrons geralmente são usados em experimentos de espalhamento por não apresentarem a repulsão coulombiana dos prótons e possibilitarem uma aproximação maior do núcleo (Das; Ferbel, 2003). Quando a perturbação não é grande o suficiente para fissionar o núcleo, pode ocorrer a **captura radioativa**. Nessa situação, a estrutura forma um núcleo com estado excitado e número de massa incrementado em uma unidade, emitindo um fóton no processo (Das; Ferbel, 2003).

O processo da fissão nuclear pode ser compreendido com base no modelo da gota líquida, o qual expusemos na Seção 2.3 e representamos para esse caso na Figura 4.3. Qualitativamente, é possível tomar um núcleo em formato de gota esférica, na qual uma perturbação externa, como a colisão de um nêutron, pode causar uma perturbação em sua estrutura alongando-a. Esse alongamento, se intenso, pode gerar duas porções que tendem a se repelir em virtude da repulsão coulombiana e da diminuição da força forte de seus constituintes. A fissão nuclear pode ocorrer da separação dessas duas partes, originando dois núcleos menores e liberando uma grande quantidade de energia.

Figura 4.3 – Representação da fissão nuclear induzida com base no modelo da gota líquida

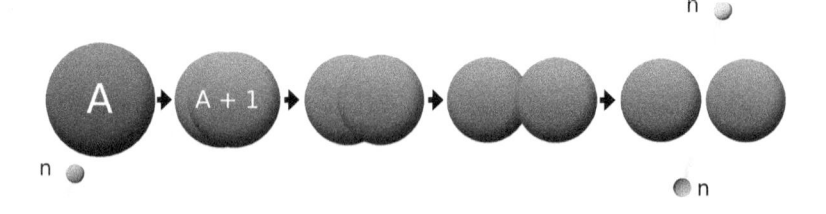

Um cálculo com base clássica pode ser realizado para compreender a estabilidade de uma gota líquida sob uma perturbação externa. Nesse caso, assume-se, inicialmente, um núcleo esférico com raio R representado na Figura 4.4, parte I. Com uma perturbação, como a colisão de um nêutron, a forma esférica se torna uma forma elipsoidal. Os eixos maior e menor são representados na parte II da Figura 4.4 por a e b, respectivamente.

Figura 4.4 – Esfera de raio R deformada em uma elipsoide com eixo maior *a* e eixo menor *b* com mesmo volume

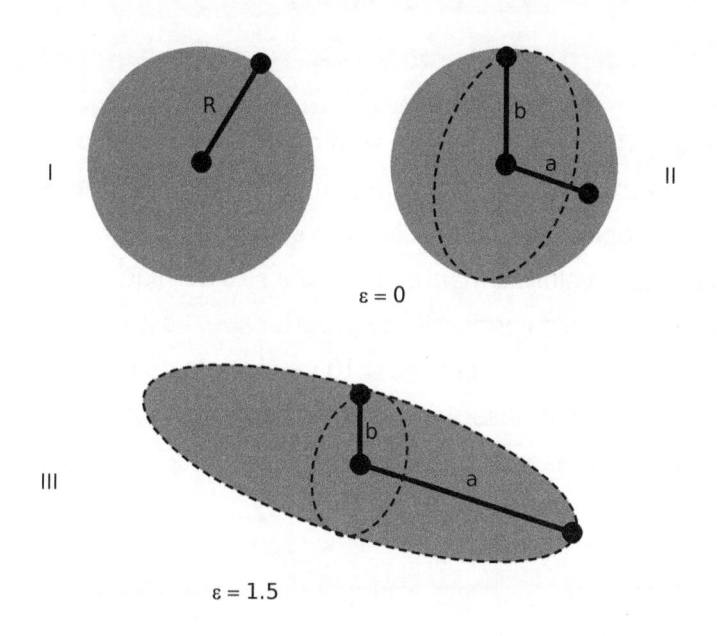

Como o núcleo foi tomado como um líquido incompressível, o volume não pode ser alterado. Da geometria espacial, o volume da elipsoide é dado por:

Equação 4.9

$$V_{elipsoide} = \frac{4}{3}\pi a b^2$$

Por isso, é necessário reparametrizar a análise em função de variáveis mais convenientes do que a e b. Utilizaremos as seguintes relações:

Equação 4.10

$$\begin{cases} a = R(1 + \varepsilon) \\ b = \dfrac{R}{\sqrt{1 + \varepsilon}} \end{cases}$$

em que R é o raio da esfera sem deformação; e ε é o parâmetro de deformação. Este último tem uma interessante propriedade: alterações em ε deformam a gota sem mudar seu volume, mantendo o conceito de "líquido incompressível". Para verificar essa propriedade, basta substituir a e b dados na Equação 4.10 na fórmula da elipsoide (Equação 4.9) e observar a dependência do ε sumir. Assim, o volume apresenta somente dependência de R, sendo:

$$V_{elipsoide} = \frac{4}{3}\pi R^2$$

A área da superfície, diferentemente do volume, fica com uma dependência do parâmetro de deformação:

$$A_{elipsoide} = 4\pi R^2 \left(1 + \frac{2}{5}\varepsilon^2 - \frac{52}{105}\varepsilon^3\right)$$

Por fim, a energia de ligação no modelo da gota líquida, vista na Seção 2.3, é alterada por causa da deformação e se torna:

$$E_{lig\text{-}elipsoide} = a_{vol}A - a_{sup}\sqrt[3]{A^2}\left[1 + \frac{2}{5}\varepsilon^2\right] - \frac{a_{Cou}Z^2}{\sqrt[3]{A}}\left[1 - \frac{1}{5}\varepsilon^2\right] - \frac{a_{sim}(A-2Z)^2}{A} - \frac{a_{par}}{\sqrt[4]{A^3}}$$

Nessa equação, os termos ajustados foram colocados dentro de colchetes para facilitar a visualização. O primeiro termo fica inalterado em razão da invariância do volume, que já comentamos. Isso também se aplica ao quarto e ao quinto termos, que não experimentam mudanças significativas, pois não há alterações consideráveis nos efeitos quânticos do núcleo. As mudanças são sentidas nos termos restantes: ao segundo, é aplicado um fator que aumenta com o quadrado do fator de deformação de $\left[1+\dfrac{2}{5}\varepsilon^2\right]$, em virtude da alteração na área da superfície; e ao terceiro termo é aplicado um fator de origem coulombiana $\left[1-\dfrac{1}{5}\varepsilon^2\right]$, que diminui na mesma proporção. A competição entre esses termos é decisiva na estabilidade da gota. A variação na energia de ligação da gota é, dessa forma, a diferença entre as energias de ligação da elipsoide e da esfera:

$$\Delta E_{lig} = E_{lig\text{-}elipsoide} - E_{lig\text{-}esfera} = \frac{1}{5}\varepsilon^2 \sqrt[3]{A^2}\left(2a_{sup} - a_{Cou}\frac{Z^2}{A}\right)$$

Quando essa diferença é positiva ($E_{lig\text{-}elipsoide} > E_{lig\text{-}esfera}$), a gota esférica é mais fortemente ligada e estável a uma perturbação externa. Consequentemente, quando a diferença é negativa ($E_{lig\text{-}elipsoide} > E_{lig\text{-}esfera}$), o sistema se torna favorável à fissão. Aplicando os valores apresentados na Seção 2.3 às constantes $a_{sup} = 17{,}23$ MeV e $a_{cou} = 0{,}7$ MeV, conclui-se que, se $\Delta E_{lig} > 0$, então:

Equação 4.11

$$\frac{Z^2}{A} < 49,23$$

A razão na Equação 4.11, embora possa ser refinada com o acréscimo de alguns termos quânticos, já apresenta uma consequência visível: núcleos com $\frac{Z^2}{A} > 49,23$ são altamente instáveis e sujeitos a fissão. Essa informação pode ser confirmada com o Gráfico 2.1, no qual há mais nuclídeos físseis nessa categoria.

Com relação à energia, é possível chegar a outra conclusão: mesmo com a relação $\frac{Z^2}{A} < 49,23$, a energia de dois núcleos-filhos somados pode ser muito menor do que a energia de ligação do núcleo-pai. E é desse desbalanço que surge a energia gerada e aproveitada pelas usinas de fissão, que discutiremos na sequência (Das; Ferbel, 2003).

4.3 Reatores de fissão

Após o uso como arma de guerra nos anos 1940, houve uma corrida nas décadas que se seguiram para utilizar a fissão do núcleo atômico com um propósito pacífico e benéfico.

A liberação de energia dessa reação nuclear poderia ser feita de forma descontrolada, ideal para a liberação rápida e intensa de uma bomba. Todavia, para uso em usinas, era necessário dispor de um sistema de controle de reação muito preciso, que detalharemos nas próximas seções.

4.3.1 Reação em cadeia

Já informamos que a fissão nuclear de um átomo, que pode ser espontânea ou não, libera certa quantidade de energia. Esse fato, todavia, não seria suficiente para utilizar esse fenômeno como uma boa fonte de energia. Ela seria como uma descarga atmosférica que, guardadas as devidas proporções, também gera uma grande quantidade de energia, mas não tem viabilidade de uso. O armazenamento de energia dos raios é inviável por causa da imensa quantidade de energia liberada em um tempo diminuto e, principalmente, pela dificuldade de previsão de sua ocorrência.

Esse seria o mesmo caso da fissão nuclear, sujeita até à emissão espontânea, se não houvesse um efeito importantíssimo: a **reação em cadeia**. Conforme discutido na Seção 4.2.1, a fissão gera, além dos núcleos menores, a emissão de alta velocidade de nêutrons, que, por sua vez, podem induzir a fissão em outros núcleos nas proximidades. A Figura 4.5 ilustra o processo da reação em cadeia no isótopo mais comum em usinas de fissão nuclear, o urânio-235.

Figura 4.5 – Fissão nuclear em cadeia de átomos de U-235

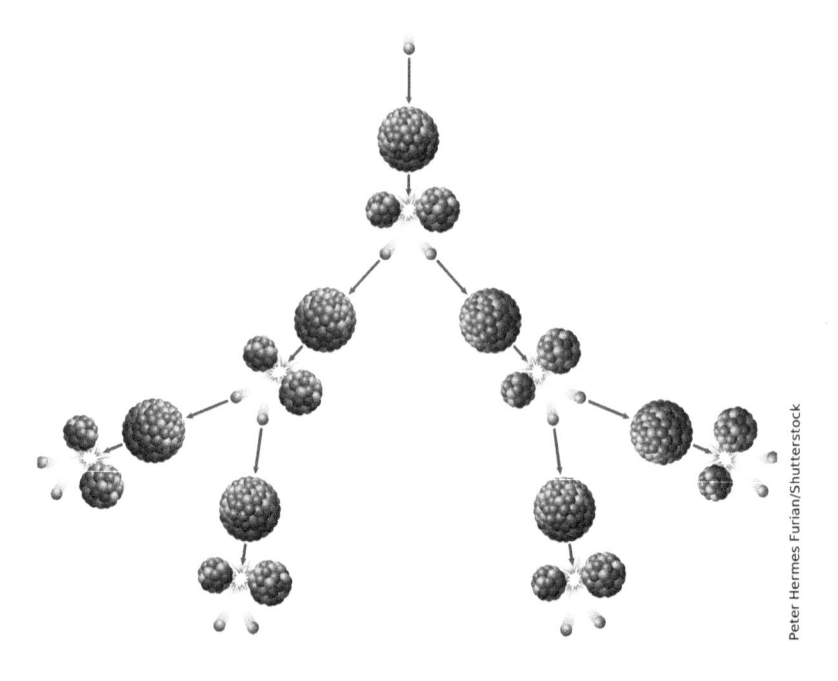

O primeiro estágio apresenta um núcleo de U-235 perturbado por um nêutron externo e gera, além dos dois núcleos e de grande quantidade de energia, dois nêutrons. Cada nêutron, por sua vez, em um segundo estágio, atinge outros dois núcleos de U-235, emitindo dois nêutrons cada. Em um terceiro estágio, os quatro núcleos atingidos por nêutrons do estágio anterior emitem oito nêutrons, que atingirão outros núcleos. Os estágios 1, 2, 3, ..., $n-1, n, n+1$, ... ocorrem, como o próprio nome revela, em cadeia, aumentando exponencialmente a quantidade de núcleos atingidos e, por consequência, a energia gerada. Todavia, embora a ilustração mostre uma emissão constante de dois nêutrons em cada fissão, experimentalmente detecta-se uma média de 2,5 nêutrons produzidos por fissão de núcleos de urânio-235 (Das; Ferbel, 2003).

A taxa produzida em estágios sucessivos de fissão é definida como:

$$k = \frac{n^\underline{o} \text{ de nêutrons gerados no estágio } n+1}{n^\underline{o} \text{ de nêutrons gerados no estágio } n}$$

Essa relação envolve três situações possíveis:

1. Se $k < 1$, o processo é classificado como *subcrítico* e tende a se extinguir com o tempo dentro do material.
2. Se $k = 1$, o processo é classificado como *crítico* e tende a manter a taxa de reações e, por consequência, a liberação de energia constante. A manutenção das reações nesse estado é o objetivo dos equipamentos vitais das usinas geradoras de energia, uma vez que elas almejam obter um suprimento energético controlável e aproximadamente constante.
3. Se $k > 0$, o processo é classificado como *supercrítico* e tende a aumentar desenfreadamente a reação. Sua ocorrência leva a um rápido crescimento na liberação da energia, em geral, resultando macroscopicamente em uma explosão. Tanto seu uso deliberado, em bombas nucleares, quanto o acidental, em acidentes em usinas, são as mais notáveis e infelizes aplicações da física nuclear no mundo moderno.

4.3.2 Combustível nuclear

O uso da fissão nuclear como forma de energia, independentemente de seu propósito, segue um roteiro básico. Primeiramente, extraem-se da natureza minerais que contêm isótopos pesados, instáveis e com meia-vida muito longa, uma vez que os naturais de meia-vida curta decaíram há muito tempo, geralmente, um pouco após sua síntese, que ocorreu antes da formação do Sistema Solar. Na sequência, são enriquecidos os materiais extraídos, aumentando a concentração de átomos mais sujeitos à fissão. Finalmente, embora existam outros processos, bombardeiam-se os átomos com nêutrons de forma controlada.

Em situações específicas, podem ser usados combustíveis com urânio-238, urânio-233, plutônio-239, tório-232 ou uma mistura de vários isótopos. Todavia, os tipos de combustível mais comumente usados são o urânio natural, que contém 0,72% de U-235, e o urânio enriquecido, contendo mais de 0,72% de U-235. O enriquecimento de urânio consiste em uma separação dos isótopos de urânio-235 e urânio-238 utilizando como base a diferença de suas massas, existindo dois notáveis processos para realizar tal ação.

No processo de **difusão gasosa**, o gás de hexafluoreto de urânio (UF_6) é forçado em uma barreira porosa. Como a difusão do gás é inversamente proporcional à raiz quadrada de sua massa, o isótopo mais leve passa mais rapidamente do que o pesado. O enriquecimento é pequeno para cada passagem, por volta de 0,4%, o que significa que os 0,72% iniciais de urânio-235 em uma amostra passam a ser somente 0,723%. Esse procedimento, portanto, precisa ser realizado milhares de vezes para a obtenção de um material altamente enriquecido, embora, para o uso em reatores, o comum seja uma fração de 2% a 3% de urânio-235 (Krane; Halliday, 1988).

Outro processo utilizado para o enriquecimento é a **ultracentrifugação de urânio**, desenvolvido no Centro Tecnológico da Marinha de São Paulo (CTMSP), em parceria com o Instituto de Pesquisas Energéticas e Nucleares (Ipen), órgão vinculado à Comissão Nacional de Energia Nuclear (CNEN). Nesse tipo de enriquecimento, o UF_6 é submetido a uma intensa rotação em uma série de centrífugas, causando a separação dos isótopos mais leves (urânio-235) dos mais pesados (urânio-238), em razão da diferença de densidade. Como a separação individual em uma centrífuga é pequeno, torna-se necessário o uso das ultracentrífugas em cascata. Desse modo, ao fim do processo, a concentração do urânio-235 pode alterar a concentração do gás de 0,7% para até 5%, em comparação ao urânio-238 (INB, 2020).

Após o uso em usinas e o esgotamento do material físsil, o urânio e o plutônio são quimicamente separados. O lixo nuclear remanescente consiste, em sua maioria, nos produtos de fissão e nos actinídeos resultantes de capturas sucessivas de nêutrons por átomos de urânio.

Esses restos emitem uma intricada série de emissões β e γ e, por isso, são colocados inicialmente em uma solução ácida. Posteriormente, são vitrificados, muitas vezes, em vidro borossilicato, e enterrados profundamente. Os locais de depósito devem ser criteriosamente escolhidos, a fim de que se mantenham suas características geológicas por, ao menos, 10 mil anos. Todavia, uma vez que, além dos critérios científicos, a escolha de locais deve obedecer a aspectos políticos, países como o Reino Unido não contam com locais apropriados e seus materiais são armazenados em tanques de aço inoxidável até a determinação de localidades seguras (Cottingham; Greenwood, 2001).

4.3.3 Usina nuclear

O mais importante elemento da usina nuclear é o núcleo do reator, que contém combustível nuclear, além de outros elementos que mencionaremos adiante. Aqui, mais uma vez, pode ocorrer confusão por conta do termo em português ser um só; mas em inglês há duas palavras: o núcleo do reator é chamado de *core*, e o núcleo do átomo, de *nucleus*. Em nosso idioma, é importante sempre conhecer bem o contexto para saber de que "núcleo" se trata.

A engenharia de reatores é extremamente vasta, e seu estudo aprofundado demandaria um curso específico. Aqui, apresentaremos somente suas principais características e seus funcionamentos, dando ênfase para as consequências dos processos nucleares. Embora existam vários tipos de reatores, eles consistem basicamente nos seguintes elementos (Krane; Halliday, 1988):

- o **combustível nuclear**, ou material físsil;
- um **moderador**, utilizado para reduzir a atividade dos nêutrons emitidos e realizar o equilíbrio térmico do sistema – podem ser usados grafite (alótropo do C), água (H_2O), água pesada (^2H_2O) e óxido de berílio (BeO), entre outros elementos ou compostos;
- o **núcleo**, formado pelo combustível nuclear com o moderador;
- um **refletor** em torno do núcleo, para reduzir o vazamento de nêutrons;
- um **vaso de contenção** dedicado a prevenir que produtos de fissão radioativos, incluindo gases, escapem da estrutura;
- a **blindagem**, que impede o contato dos operadores com nêutrons ou raios γ;
- um **elemento de refrigeração** (ou refrigerante) para retirar calor do núcleo, sendo usados para isso desde gases como o ar, o dióxido de carbono ou o hélio, líquidos como a água ou até metal líquido;
- um **sistema de controle**, que permite ao operador controlar a potência gerada;
- uma grande quantidade de **sistemas de emergência**, para evitar vazamentos no caso de falha de controle ou resfriamento.

Os reatores podem ser classificados com relação a seu uso. Os **reatores de potência** são usados para gerar energia elétrica; os **reatores de pesquisa** são geralmente desenvolvidos para produzir nêutrons utilizados para pesquisas em áreas como a física nuclear ou a física do estado sólido; e os **conversores** servem para converter material não fissionável em fissionável com alta eficiência (Krane; Halliday, 1988). Ainda, podem ser classificados por sua composição: são ditos **heterogêneos** se o moderador e o combustível forem agrupados, e **homogêneos**, quando estão misturados (Krane; Halliday, 1988).

A temperatura de operação é critério em outro tipo de classificação, com base em operações térmicas em baixas energias, com energia intermediária – que permite a construção de reatores de pequenas dimensões e, por isso, muito usada em submarinos – e de nêutrons rápidos, que não utilizam o moderador (Kaplan, 1978; Krane; Halliday, 1988).

Exemplificando

Consideremos uma tecnologia de reator muito comum. A Figura 4.6 apresenta um diagrama simplificado de uma usina que utiliza um reator de água pressurizada (ou PWR, do inglês, *Pressurized Water Reactor*), escolhido por ser utilizado em diversas usinas, como as brasileiras Angra 1 e Angra 2.

Figura 4.6 – Diagrama de funcionamento de uma usina nuclear com um reator do tipo PWR

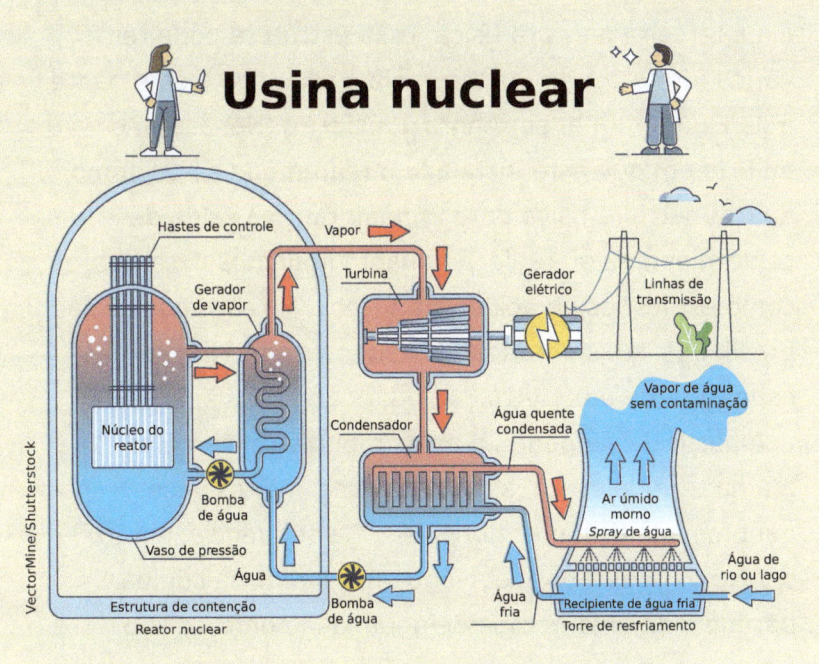

Em destaque na Figura 4.6, é possível observar que, para que ocorra a geração de energia de forma controlada, o combustível físsil presente no **núcleo do reator** tem sua quantidade de reações ajustado por um sistema de **hastes de controle**, a primeira barreira para impedir a saída de material radioativo para o meio ambiente. A energia dessas reações é dissipada principalmente na forma de calor e, portanto, todo o reator é posicionado dentro de um **vaso de pressão** em água pressurizada, a segunda barreira de restrição de propagação de material radioativo.

Todo esse arranjo está contido na **estrutura de contenção**, que visa evitar vazamento de gases, sendo ela a terceira barreira física. Essa estrutura pode ter vários formatos: em Angra 1, ela é cilíndrica (semelhante à da Figura 4.6) e, em Angra 2, esférica. Há, ainda, o edifício em que está instalado o reator, que serve como quarta barreira física para impedir tanto a saída de contaminantes ou radiação quanto impactos externos, como explosões ou acidentes aéreos. No caso das usinas brasileiras, suas paredes são feitas de concreto com espessura de um metro.

A partir desse ponto, a usina muito se assemelha a uma termoelétrica, sendo, por isso, muitas vezes, denominada *usina termonuclear*. Na sequência, então, o vaso de pressão recebe água fria na forma líquida por meio de uma bomba de água, que aumenta sua temperatura em razão da reação e envia o vapor aquecido para uma serpentina dentro de um **gerador de vapor**, formando o que se denomina *circuito primário*. A serpentina fica imersa em água para aquecê-la, mas é importante observar que não há contato direto entre essas duas "águas". A água aquecida no gerador de vapor segue para um circuito secundário, no qual, na forma de vapor, gira uma **turbina** ligada a um **gerador elétrico**, em que a energia é transformada e enviada para os consumidores por meio de **linhas de transmissão**.

Todavia, o vapor do circuito secundário não se liquefaz totalmente ao passar pela turbina, sendo necessário um **condensador** para o resfriamento. Para isso, há um terceiro circuito com água obtida de uma fonte externa, razão pela qual as usinas nucleares devem sempre ser construídas próximas a fontes de água. Quando a água é proveniente de um rio ou de um lago, é bombeada para o condensador, que, por meio da **água fria**, retira o calor do circuito secundário, com o qual também não tem contato. A água quente condensada obtida volta à torre de resfriamento, de onde é expulsa em um *spray* de água, subindo pela torre e sendo eliminada na forma de **vapor de água** sem qualquer contaminante.

Conhecido o procedimento geral, podemos analisar especificamente a rota da energia, considerando todas as suas transformações: ela é gerada pela reação em cadeia da fissão dos núcleos atômicos e transformada do núcleo do reator para o circuito primário na forma de calor. Sem alteração de tipo, ela é transferida para o circuito secundário (para evitar contaminação), sendo utilizada, na sequência, para movimentar a turbina, na qual ocorre a transformação em energia mecânica. Finalmente, mediante o gerador ligado mecanicamente à turbina, a energia mecânica é transformada em energia elétrica, que pode ser facilmente transmitida por longas distâncias.

Os funcionamentos dos reatores, conforme descrevemos, são muito semelhantes. Em geral, o elemento refrigerador do núcleo, o moderador da reação e o combustível nuclear se alteram mais drasticamente entre tecnologias. No Quadro 4.1, arrolamos os principais tipos de reatores nucleares utilizados, incluindo o tipo do reator usado na usina de Chernobyl.

Quadro 4.1 – Tipos de reatores nucleares

Nome	Refrigeração / Moderador	Combustível
BWR (*Boiling Water Reactor*, ou **reator de água fervente**)	Água	Urânio enriquecido na forma de óxido
GRC (*Gas-Cooled Reactor*, ou **reator refrigerado a gás**)	Gás (CO_2) / Grafite	Urânio natural metálico
AGR (*Advanced Gas-Cooled Reactor*, ou **reator nuclear avançado resfriado a gás**)	Gás (He) / Grafite	Óxido de urânio enriquecido
HTGCR (*High-Temperature Gas Reactor*, ou **reator resfriado a gás de alta temperatura**)	Gás (CO_2) / Grafite	Urânio natural cerâmico
HWR (*Heavy-Water Reactor*, ou **reator de água pesada**)	Água pesada (^2H_2O)	Óxido de urânio natural

(continua)

(Quadro 4.1 – conclusão)

Nome	Refrigeração / Moderador	Combustível
FBR (*Fast Breeder Reactor*, ou **reator super-regenerador**)	Sódio (Na)	Urânio natural
	Não possui	
Candu® (*Canada Deuterium Uranium*, ou **Canadá Deutério-Urânio**)	Água pesada (^2H_2O)	Óxido de urânio natural
RBMK (Реактор большой мощности канальный, ou **reator canalizado de alta potência**)	Água	Óxido de urânio
	Grafite	

Há, portanto, grande variedade de sistemas de refrigeração, desde água até compostos de obtenção mais trabalhosa. Já os moderadores compreendem gases como o CO_2 e o grafite. Em alguns casos, como no BWR ou no Candu®, a mesma substância é usada para os dois fins. O combustível, contudo, costuma ser alguma variação do urânio, dada sua capacidade físsil.

4.4 Fusão nuclear

A fusão, basicamente, ocorre quando dois núcleos leves são aproximados o suficiente para que a barreira coulombiana seja vencida e eles se unam, formando um novo núcleo com os números de massa e atômico correspondentes à soma dos anteriores. O processo, todavia, pode ser realizado de várias maneias, tanto naturais quanto artificiais.

Basta sobrepor a energia da barreira, de algumas unidades de megaeletron-volts, com seu valor exato dependendo das massas e das cargas dos núcleos envolvidos.

As reações mais básicas de fusão que ocorrem dentro do Sol, por exemplo, são:

$$_1^1H + {}_1^1H \rightarrow {}_1^2H + e^+ + \nu_e + 0,42\,\text{MeV}$$

$$_1^1H + {}_1^2H \rightarrow {}_2^3He + \gamma + 5,49\,\text{MeV}$$

$$_2^3He + {}_2^3He \rightarrow {}_1^4H + e^+ + \nu_e + 12,86\,\text{MeV}$$

Nessas reações, a grande quantidade de energia emitida na fusão do hélio-4 se deve ao fato de esse núcleo ser duplamente mágico (conforme explicitamos na Seção 2.4) e, portanto, apresentar uma energia de ligação mais alta do que a maioria dos outros nuclídeos.

De forma mais geral, é possível afirmar que a reação de geração de hélio-4 nas estrelas é (Das; Ferbel, 2003):

$$6\,{}_1^1H \rightarrow {}_1^4He + 2\,{}_1^1H + 2e^+ + 2\nu_e + 2\gamma + 24,7\,\text{MeV}$$

Ou, ainda:

$$4\,{}_1^1H \rightarrow {}_1^4He + 2e^+ + 2\nu_e + 2\gamma + 24,7\,\text{MeV}$$

Adicionalmente, como os átomos nesse ambiente são plasmas altamente ionizados, os pósitrons emitidos são aniquilados com elétrons, gerando fótons altamente energéticos.

Outros ciclos de fusão que ocorrem dentro das estrelas são o da transformação de hélio-4 em carbono-12 a partir de:

$$3\,^4_2He \rightarrow\, ^{12}_{6}C + 7,27\,MeV$$

Nesse caso, na sequência, o núcleo pode sofrer absorções de prótons e decaimentos sucessivos, alternando-se entre isótopos de nitrogênio (N-13, N-14 e N-15), de carbono (o próprio C-12 e o C-13) e de oxigênio (O-15), até retornar ao carbono-12 e emitir pósitrons, raios γ neutrinos e, aproximadamente, 24,68 MeV, conforme expresso a seguir:

$$^{12}_{6}C + 4\,^1_1H \rightarrow\, ^{12}_{6}C +\, ^4_2He + 2e^+ + 2\nu_e + 3\gamma + 24,7\,MeV$$

Essa sequência de reações, que resulta em um sistema circular, é conhecida como **ciclo CNO**, por causa dos elementos envolvidos no processo: carbono, nitrogênio e oxigênio.

Nota-se, então, que as estrelas fazem a síntese de vários elementos químicos por meio da fusão nuclear. Todavia, conforme mencionamos na Seção 3.5.2, elementos pesados foram gerados por outros processos, como explosões estelares em supernovas.

A Tabela 4.1 apresenta algumas reações de fusão que poderiam ser usadas para a produção de energia. Como em todos os casos as reações são exotérmicas, obtém-se valores de $Q > 0$. A maioria dos casos utiliza isótopos do hidrogênio para minimizar a repulsão coulombiana.

A análise seguinte à definição de Q é a determinação da seção de choque σ, essencial para verificar a probabilidade de ocorrência da fusão e, por consequência, da viabilidade do uso da reação.

Tabela 4.1 – Reações de fusão nuclear e seus respectivos valores Q

Reação	Valor Q (MeV)
$^{1}_{1}p + {}^{2}_{1}H \rightarrow {}^{3}_{2}He + \gamma$	5,49
$^{2}_{1}H + {}^{2}_{1}H \rightarrow {}^{4}_{2}He + \gamma$	23,85
$^{2}_{1}H + {}^{2}_{1}H \rightarrow {}^{3}_{2}He + {}^{1}_{0}n$	3,27
$^{2}_{1}H + {}^{2}_{1}H \rightarrow {}^{3}_{1}H + {}^{1}_{1}p$	4,03
$^{2}_{1}H + {}^{3}_{1}H \rightarrow {}^{4}_{2}He + {}^{1}_{0}n$	17,59
$^{2}_{1}H + {}^{3}_{2}He \rightarrow {}^{4}_{2}He + {}^{1}_{1}p$	18,35

Fonte: Elaborado com base em Lilley, 2001, p. 300, tradução nossa.

4.5 Fusões nucleares controladas

A obtenção da energia por meio da fissão nuclear com custo viável é um dos desafios a serem transpostos pela humanidade. Além da necessidade de temperaturas altíssimas para dar início à reação, o principal impedimento é a dificuldade para desenvolver um recipiente que mantenha sua integridade sob tais temperaturas. Atualmente, duas abordagens distintas vêm sendo aplicadas com o objetivo de desenvolver um reator de fissão viável:

a fissão de confinamento magnético e a fusão de confinamento inercial.

Os reatores de confinamento magnético, que utilizam a tecnologia **MCF** (*Magnetic Confinement Fusion*, ou fusão de confinamento magnético), apresentam uma possível solução para o problema da temperatura, mantendo o plasma quente sem contato com as paredes do receptáculo, girando em movimento circular ou helicoidal mediante a força magnética sobre partículas carregadas (Lilley, 2001). O confinamento de plasma já é experimentado há algum tempo, sendo o Stellarator um dos primeiros dispositivos a realizá-la, ainda nos anos 1950.

A tecnologia de reatores em fase de experimentação mais avançada é a do tipo Tokamak (acrônimo do russo тороидальная камера с магнитными катушками, ou câmara toroidal com bobinas magnéticas). Desenvolvido em pesquisas nos anos 1960, na União Soviética, o cerne da operação dos reatores Tokamak é sua câmara de vácuo. Ela recebe hidrogênio gasoso que, sob temperatura e pressão extremas, torna-se plasma. Suas partículas são, assim, mantidas suspensas por poderosos imãs e, dada a alta temperatura, passam a colidir umas com as outras, vencendo a repulsão coulombiana. A fusão nuclear ocorre das colisões e resulta em grande quantidade de energia.

Um ambicioso projeto envolvendo a União Europeia, o Reino Unido, a Suíça, a China, a Índia, o Japão, a Rússia, a Coreia do Sul e os Estados Unidos estuda a viabilidade de uso da fissão para a geração de energia – o Iter, do inglês *International Thermonuclear Experimental Reactor*, ou reator internacional termonuclear experimental – tendo "o caminho" como significado extra de *iter*, em latim. Essa colaboração internacional visa à construção de um reator de fusão baseado no Tokamak, no qual o plasma quente gira em uma estrutura toroidal (em forma de rosquinha), sustentado por imãs supercondutores. O projeto foi iniciado em 1988, com aprovação de recursos em 2006, início da construção em 2007 e previsão de início de operação em 2035.

Uma representação gráfica do Iter pode ser observada na Figura 4.7, em que, por meio de um corte, são indicados os componentes básicos para seu funcionamento:

- Os **imãs supercondutores** (em roxo) somam dez toneladas de material dedicado a produzir o campo magnético para dar partida, confinar, dar forma e controlar o plasma. Eles armazenam material equivalente à geração de 51 GJ de energia a uma temperatura de 4 K (ou –269 °C), usando 10^5 km de fios de Nb_3Sn.
- O **vaso a vácuo** (em cinza), fabricado em aço inoxidável, abriga a fusão e atua como primeira barreira de contenção. Com $8 \cdot 10^6$ kg e raio externo de 6,2 m, pode conter 840 m^3 de plasma.
- O **isolamento térmico** (em cinza escuro) reveste internamente o vaso a vácuo e os demais componentes externos dos nêutrons de alta energia ejetados

durante a fusão. São necessários 440 módulos para cobrir os 600 m² da estrutura.
- O **divertor** (em laranja) que controla a exaustão de gás residual e impurezas, sendo posicionado na parte inferior do vaso a vácuo. Revestido em tungstênio, recebe a maior parte do calor do reator.
- O **criostato** (em amarelo), fabricado em aço inoxidável, é uma câmara de vácuo dedicada a conter os demais componentes e mantê-los em um ambiente de vácuo altamente refrigerado. Com 16 000 m³, a câmara é feita com $3{,}8 \cdot 10^6$ kg de aço.

Ainda, são necessários outros elementos de suporte de operação, entre eles os sistemas de criogenia, diagnóstico, controle de geração de energia, acesso de dados e comunicação (Iter, 2022).

Figura 4.7 – Representação gráfica do Iter

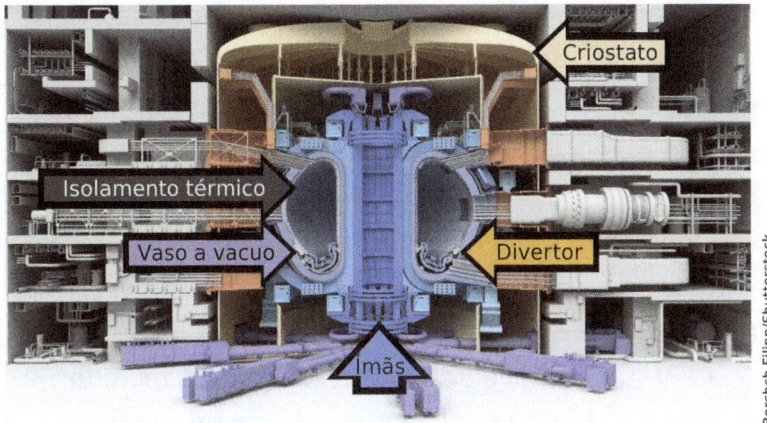

Borshch Filipp/Shutterstock

As dificuldades na estabilidade do confinamento do plasma no campo magnético dos reatores MCF ensejaram a formulação de uma abordagem radicalmente distinta, que consiste na viabilidade de aplicação da fusão nuclear na geração de energia. No método da **ICF** (*Inertial Confinement Fusion*, ou fusão de confinamento inercial), feixes altamente energéticos, partículas ou ondas são emitidos de diversas direções para uma pequena esfera de material fusível, em geral uma mistura de deutério ($_1^3H$) e trítio ($_1^2H$). A alta transferência de energia ejeta o material da superfície de forma violenta e, da conservação de momento, o material logo abaixo da superfície é comprimido em direção ao núcleo, gerando uma alta taxa de fusões entre os núcleos. O processo então é repetido em pequenas explosões termonucleares e o calor gerado pode ser absorvido por uma cobertura térmica e convertido em energia elétrica.

A vantagem desse método é a possibilidade de geração de energia em baixas dimensões. A conversão completa de 1 mg de deutério-trítio libera 350 MJ de energia, algo em torno de 97 kW · h. Novamente, o principal desafio é a contenção. Outra questão a ser resolvida é o feixe usado, que precisa de grande energia para ser ativado, tendo como métodos mais aplicados em experimentos na área o uso de *lasers* ou de feixes de partículas (Lilley, 2001).

Contrariando diversas expectativas, esse método se mostrou promissor na geração de energia limpa por meio de um anúncio em dezembro de 2022. Nessa data, o governo dos Estados Unidos, em conjunto com representantes da Administração Nacional de Segurança Nuclear (NNSA, do inglês National Nuclear Security Administration) e do Laboratório Nacional Lawrence Livermore (LLNL), afirmou que a energia gerada em um experimento excedeu a quantidade de energia usada para criá-lo (Peixoto, 2022). Tal avanço, embora incipiente, é um divisor de águas na geração de energia, em especial por meio da fissão nuclear.

Para saber mais

ELETRONUCLEAR TV. Disponível em: <https://www.youtube.com/@EletronuclearTV>. Acesso em: 28 jan. 2023.
Para compreender o funcionamento de uma usina, nada melhor do que o canal de divulgação da própria empresa responsável por uma. Esse canal na plataforma YouTube contém várias *playlists* com vídeos que mostram o trabalho da Eletronuclear, empresa responsável pela construção e pela manutenção das usinas Angra 1, 2 e 3. Destacamos a série documental "Angra 3 tá ON", com detalhes atualizados sobre a construção da nova usina nuclear brasileira.

Síntese

Dedicamos este capítulo à dissecação das reações nucleares. Analisamos os fundamentos da fissão nuclear, discutindo como se dão as reações e aplicando seus conceitos na compreensão do funcionamento das usinas nucleares atualmente utilizadas.

Ainda, tratamos da fusão nuclear, descrevendo o processo que ocorre dentro das estrelas e que é promissor na geração de energia limpa. Por fim, citamos algumas possiblidades de obtenção viável de energia em usinas de fissão nuclear.

Questões para revisão

1) As reações nucleares devem obedecer aos pressupostos básicos da física na conservação de momento linear, momento angular, energia e carga elétrica, além do número de massa. Em geral, elas ocorrem em duas etapas, iniciando com a formação de um núcleo composto altamente excitado (implícito nas equações) e completando-se com sua decomposição.

   A respeito das reações nucleares, analise as afirmativas a seguir.

   I) No espalhamento elástico, o núcleo-alvo e o núcleo residual são iguais e o projétil é a partícula detectada no fim do processo.

   II) No espalhamento inelástico, o núcleo residual (resultado da reação) é indicado por um estado excitado que, geralmente, decai rapidamente, emitindo uma partícula α.

III) A reação fotonuclear é um tipo de transmutação nuclear em que o projétil é um fóton γ e um nêutron n é emitido no processo.

Agora, assinale a alternativa que apresenta todas as proposições corretas:

a) II.
b) II e III.
c) I, II e III.
d) I e II.
e) I e III.

2) Leia o texto a seguir.

Os eurodeputados aprovaram nesta quarta-feira, 6 [de julho de 2022], um avanço no plano para classificar parte da eletricidade gerada por reatores atômicos e gás natural como energia renovável, uma decisão observada atentamente e capaz de forjar a política ambiental por vários anos. [...]

Aqueles que apoiam incluir gás e energia nuclear no campo da energia verde argumentam que essas fontes de eletricidade são necessárias para a transição às fontes renováveis, especialmente tendo em conta o impacto da guerra sobre os preços da energia.
(Rauhala, 2022)

Com base em seus conhecimentos sobre fissão nuclear, analise as afirmativas a seguir.

I) A fissão nuclear pode ser compreendida utilizando-se o modelo da gota líquida,

PORQUE

II) na fissão, o núcleo é considerado uma gota líquida incompressível, com volume constante.

A respeito dessas proposições, é correto afirmar que:

a) I e II são verdadeiras, e a II justifica a I.
b) I e II são verdadeiras, mas a II não justifica a I.
c) I é verdadeira, e II é falsa.
d) I é falsa, e II é verdadeira.
e) I e II são falsas.

3) Leia o texto a seguir.

O novo presidente da Coreia do Sul, Yoon Suk-yeol, não perdeu tempo em comprometer seu governo a ressuscitar o setor de energia nuclear do país. [...] A questão foi discutida com os líderes da Polônia e da República Tcheca – ambos no processo de selecionar empreiteiros para suas novas usinas nucleares – enquanto Reino Unido, Romênia e Holanda também são vistos como potenciais clientes. "Faremos tudo para ganhar encomendas de usinas nucleares", disse a repórteres em Madri Choi Sang-mok, secretário-chefe da presidência para assuntos econômicos, nesta semana. (DW, 2022)

Uma das tecnologias de usinas nucleares mais utilizadas é a PWR, ou de reator de água pressurizada. Descreva os processos de transformação de energia em uma usina desse tipo, destacando as formas de manifestação e os transdutores usados.

4) A geração de energia por meio da fissão nuclear ocorre dentro das estrelas, por vezes em reações nucleares cíclicas. O ciclo CNO se baseia em fissões e emissões radioativas repetitivas de isótopos de:
a) cério, netúnio e oganessônio.
b) cloro, sódio e oxigênio.
c) carbono, nitrogênio e oxigênio.
d) césio, neodímio e ósmio.
e) cromo, níquel e ósmio.

5) Leia o texto a seguir.

> Nesta quarta-feira [9 de fevereiro de 2022], no entanto, cientistas do Reino Unido anunciaram que mais que dobraram o recorde anterior para gerar e sustentar a fusão nuclear, que é o mesmo processo que permite que o sol e as estrelas brilhem com tanto brilho. [...]
>
> O EUROfusion, um consórcio que inclui 4.800 especialistas, estudantes e funcionários de toda a Europa, realizou o projeto em parceria com a Autoridade de Energia Atômica do Reino Unido. A Comissão Europeia também contribuiu com financiamento. (Dewan; Gainor, 2022)

Descreva as duas abordagens mais discutidas recentemente para a geração de energia por meio da fissão nuclear: a fissão de confinamento magnético e a fusão de confinamento inercial.

Questões para reflexão

1) Quais são as diferenças entre os reatores que geraram problemas em Chernobyl e os usados na usina nuclear brasileira de Angra I?

2) Pesquise nas notícias mais recentes os estágios atuais do projeto Iter, que visa gerar energia por meio da fissão nuclear. Verifique os prazos cumpridos e os não cumpridos, anotando as principais características da construção do Tokamak veiculadas pela mídia.

Radiação nuclear e matéria

5

Conteúdos do capítulo

- Interação da radiação com a matéria.
- Detectores de radiação.
- Detectores e instrumentação.
- Efeitos biológicos da radiação nuclear.
- Fontes de radiação natural e artificial.

Após o estudo deste capítulo, você será capaz de:

1. explicar como a radiação altera a matéria;
2. descrever o funcionamento de alguns detectores de radiação;
3. detalhar o processo de medição da radiação;
4. apontar como a radiação altera os seres vivos;
5. distinguir a origem das emissões radioativas naturais daquelas das artificiais.

5.1 Interação entre radiação e matéria

No gigantesco rol de procedimentos experimentais para o avanço da física, talvez não haja outro ramo como a física nuclear, com tantos efeitos colaterais causados pela execução de suas práticas. Vale lembrar que Marie Curie foi envenenada aos poucos e suas anotações precisarão ficar armazenadas em caixas de chumbo por, no mínimo, 1 500 anos, em razão da emissão de radiação. Explicaremos, neste capítulo, como a radiação interage com a matéria, biológica ou não, a fim de explicitar como detectá-la e direcioná-la para seu bom uso.

A interação entre a radiação e a matéria depende da natureza daquela: núcleos e partículas carregadas, por exemplo, interagem primeiramente com os elétrons atômicos pertencentes ao meio. A energia da partícula, se suficiente, pode ionizar os átomos ou excitar as moléculas do meio até chegar ao repouso. Os sistemas excitados, posteriormente, podem retornar ao estado fundamental emitindo fótons no processo. Embora possa haver colisões nucleares mais intensas e flagelantes, com partículas carregadas, as interações com o núcleo estão atreladas à maior fração da energia recebida, uma vez que as colisões são mais raras por se apresentarem pequenas as seções de choque.

Já os elétrons perdem energia da mesma forma que as partículas maiores carregadas, mas, por serem mais leves, são mais rápidos para uma mesma energia e, portanto, mais penetrantes. Diferentemente das partículas massivas, os elétrons sofrem acelerações mais intensas quando estão sujeitos aos campos elétricos atômicos e, em especial, os nucleares. Essas acelerações ou desacelerações causadas por interações com tais campos ocasionam a emissão de fótons, que recebe o nome de *bremsstrahlung*, termo emprestado da língua alemã que pode ser traduzido como "radiação de frenagem" (Das; Ferbel, 2003).

Os nêutrons, quando emitidos sobre a matéria, são facilmente capturados ou espalhados pela força nuclear, por não estarem sujeitos à força coulombiana. Suas colisões, mesmo que pouco intensas, podem excitar núcleos que decaem em estados mais baixos de energia e emitem fótons γ no processo (Das; Ferbel, 2003). Os nêutrons também perdem energia por espalhamento elástico até chegarem ao equilíbrio térmico por meio da interação mútua, processo conhecido como *termalização*, sendo eventualmente absorvidos por um núcleo (Basdevant: Rich; Spiro, 2006).

Embora não tenham carga elétrica, os fótons são as partículas envolvidas na interação da força eletromagnética, conforme discutido na Seção 1.5.1. Dessa forma, eles interagem fortemente com a matéria, mediante vários processos, incluindo a ionização. Podem aparecer nas emissões, ainda, como produtos de interações de outras partículas com a matéria. Especialmente na forma de raios γ, acabam perdendo energia via efeito Compton em elétrons atômicos, sucessivamente, até serem absorvidos em razão do efeito fotoelétrico, ou, ainda, interagindo pela produção de pares. Detalharemos esses efeitos nas seções que se seguem.

5.1.1 Efeito fotoelétrico

No efeito fotoelétrico, que deu a Albert Einstein o Prêmio Nobel, em 1921, e está representado na Figura 5.1, fótons incidentes sobre dados materiais, em geral metais, ejetam elétrons de sua superfície, obedecendo à seguinte relação:

Equação 5.1

$$\hbar\omega = \phi + K_{máx}$$

Nessa equação, $\hbar\omega$ é a energia do fóton, das relações de Planck-Einstein apresentadas na Seção 1.3.1; $K_{máx}$ é a energia cinética do fóton ejetado; e $\phi = \hbar\omega_0$ é a função trabalho, que consiste na energia mínima necessária para arrancar o elétron de seu átomo.

Figura 5.1 – Representação gráfica do efeito fotoelétrico

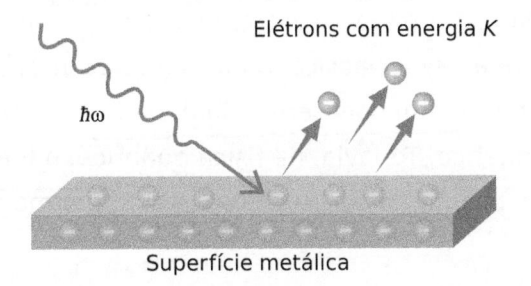

Observe que a ejeção depende da frequência da radiação, e não de sua intensidade, como se poderia supor. Esse fenômeno é perceptível nas centelhas geradas em fornos de micro-ondas caseiros quando neles são inseridos metais: os fótons de micro-ondas têm frequência (e, por consequência, energia) suficiente para arrancar elétrons da superfície de vários tipos de metais e gerar arcos elétricos.

5.1.2 Efeito Compton

O efeito Compton é o aumento do comprimento de onda do fóton quando ele colide com um elétron livre e perde parte de sua energia. A frequência ou o comprimento de onda da radiação espalhada depende apenas da direção de espalhamento. Uma vez que se relaciona com a alteração do momento do elétron por causa da interação com um fóton, o efeito Compton é de vital importância para a radiobiologia, em razão de sua aplicação em medicina diagnóstica e em radioterapia.

Na representação da Figura 5.2, um elétron, inicialmente em repouso, é atingido por um fóton de comprimento de onda λ, que, em razão das dimensões eletrônicas, deve estar na faixa dos raios X ou dos raios γ. De acordo com a física clássica, o elétron não sofreria alteração de momento, pois seria atingido por uma onda eletromagnética. Todavia, na física quântica, o fóton, o pequeno pacote de onda, carrega em si um momento **p** dado por:

Equação 5.2

$$\mathbf{p} = \hbar \mathbf{k}$$

em que $\hbar$ é a constante de Planck; e **k** é o vetor de onda, que aponta na direção de sua propagação e tem sua intensidade, chamada de "número de onda", relacionada com o comprimento por $|\mathbf{k}| = 2\pi / \lambda$. Observe, portanto, que, conhecendo-se o comprimento de onda, é possível obter o número de onda e o momento do fóton somente por meio de produtos com constantes.

Retomando a Figura 5.2, ali consta a transferência de momento manifestada por uma alteração de velocidade, o próprio $|\mathbf{v}|$, uma vez que o elétron está inicialmente em repouso. Para a conservação do momento total, um fóton de comprimento de onda λ' é emitido a um ângulo θ do fóton original.

Figura 5.2 – Efeito Compton em um elétron estático que passa a ter uma velocidade *v* quando atingido por um fóton de comprimento de onda λ

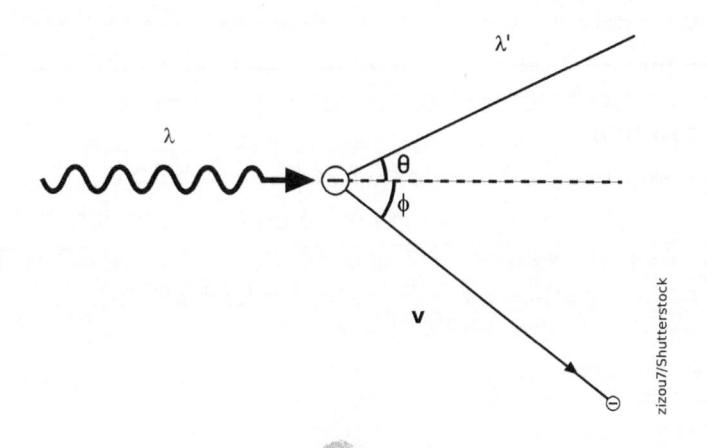

A variação do comprimento de onda, dada a geometria do problema e a conservação de momento e energia, é:

Equação 5.3

$$\Delta\lambda = \lambda' - \lambda = \frac{2\pi\hbar}{m_e c}\left(1 - \cos\theta\right)$$

Nessa equação, m_e é a massa de repouso do elétron e o comprimento de onda de Compton para o elétron é $\frac{2\pi\hbar}{m_e c}$.

Ocorre também a alteração de energia do fóton:

Equação 5.4

$$\hbar\omega' = \frac{\hbar\omega}{1 + \frac{\hbar\omega}{mc^2}\left(1 - \cos\theta\right)}$$

Exercício resolvido

Determine a velocidade obtida por um elétron inicialmente estático quando ele é atingido e absorve metade do momento de um fóton de raios γ com $\lambda = 3{,}50$ fm.

Resolução

O comprimento de onda do fóton é $\lambda = 3{,}5$ fm $= 3{,}50 \cdot 10^{-15}$ m; logo, o número de onda é dado por:

$$k = \frac{2\pi}{\lambda} = \frac{2\pi}{\left(3{,}50 \cdot 10^{-15}\right)} \Rightarrow k = 1{,}79 \cdot 10^{15}\, m^{-1}$$

Dada a constante de Planck $\hbar = 1{,}05 \cdot 10^{-34}$ J·s, o momento do fóton fica:

$$p = \hbar k = (1{,}05 \cdot 10^{-34})(1{,}79 \cdot 10^{15}) \Rightarrow p = 1{,}89 \cdot 10^{-19} \text{ kg·m/s}$$

Como o elétron recebe metade do momento do fóton, $p_e = \dfrac{p}{2} = 9{,}42 \cdot 10^{-20}$ kg·m/s. Assim, dada a massa do elétron de $m_e = 9{,}11 \cdot 10^{-31}$ kg, sua velocidade é:

$$p_e = m_e v \Rightarrow v = \frac{p_e}{m_e} = \frac{(9{,}42 \cdot 10^{-20})}{(9{,}11 \cdot 10^{-31})} \Rightarrow v = 1{,}03 \cdot 10^{11} \text{ m/s}$$

5.1.3 Produção e aniquilação de pares

São poucos os efeitos quânticos que mesclam tão bem a equivalência massa-energia da relatividade especial quanto a produção ou a aniquilação de pares. Na **produção de pares**, um par elétron-pósitron é criado a partir de um fóton, que tem sua energia integralmente convertida em matéria. Para conservar a carga inicial nula do sistema, são necessárias duas partículas com cargas de mesmo valor, mas de sinais opostos. Daí a necessidade de uma partícula ser criada com sua antipartícula.

A produção de pares, ilustrada na Figura 5.3a, não pode ocorrer em espaços vazios, carecendo de um mecanismo alternativo para conservar momento e energia. Como a energia do fóton não é suficiente para gerar a massa das partículas com os momentos conservados, é preciso haver um núcleo nas proximidades que absorva o momento sem, no entanto, tomar muito da energia.

Figura 5.3 – Representação da produção (a) e da aniquilação (b) de um par elétron-pósitroa

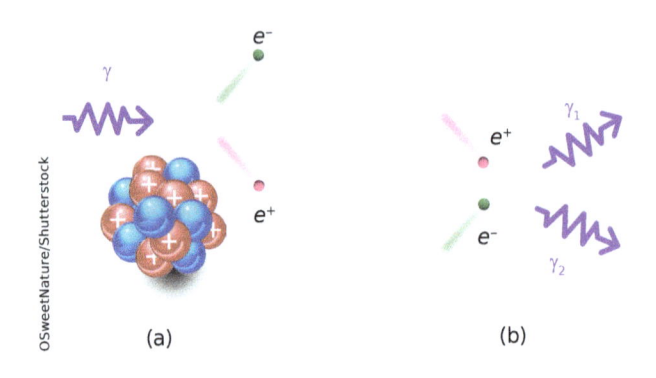

(a)   (b)

Da conservação de energia, tem-se que:

Equação 5.5

$$\hbar\omega = K_{e+} + K_{e-} + 2m_e c^2$$

em que $\hbar\omega$ é igual à energia do fóton; K_{e+} e K_{e-} são, respectivamente, as energias cinéticas do pósitron e do elétron; e $m_e = 9{,}11 \cdot 10^{-31}$ kg $= 0{,}511$ MeV é a massa de repouso de qualquer uma das duas partículas.

Dado que todos os termos devem ser positivos, observe que a energia do fóton deve se igualar às energias cinéticas somadas a um termo de massa das partículas geradas, sendo este o valor mínimo para que ocorra a produção do par. Logo, para que se efetive a reação, a energia do fóton deve satisfazer a $\hbar\omega > 2m_e c^2$, de modo que os fótons sejam afastados uns dos outros usando a energia excedente.

Já a **aniquilação de pares**, ilustrada na Figura 5.3b, é o processo inverso, no qual um par elétron-pósitron é aniquilado, resultando em dois ou mais fótons. Ele pode ser representado pela equação:

Equação 5.6

$$e^+ + e^- \rightarrow \gamma_1 + \gamma_2$$

Porquanto haja a possibilidade de ocorrer no espaço vazio, a aniquilação de pares permite a conservação de energias e momentos. Como na aniquilação não há outras partículas ou núcleos envolvidos, a conservação de energia e do momento só é possível com a emissão de, ao menos, dois fótons com diferentes frequências, ω_1 e ω_2, e vetores de onda $\mathbf{k}_1$ e $\mathbf{k}_2$.

Dada a conservação de energia, $E_{inicial} = E_{final}$, a soma das energias de repouso de um elétron e de um pósitron com suas energias cinéticas deve ser igual à soma das energias dos fótons criados, portanto:

Equação 5.7

$$2m_0 c^2 + K_{e^+} + K_{e^-} = \hbar\omega_1 + \hbar\omega_2$$

E, da conservação do momento $\mathbf{p}_{inicial} = \mathbf{p}_{final}$, tem-se:

Equação 5.8

$$m_{e^+}\mathbf{v}_{e^+} + m_{e^-}\mathbf{v}_{e^-} = \hbar\mathbf{k}_1 + \hbar\mathbf{k}_2$$

Ambos os processos, produção e aniquilação, podem envolver outros pares de partículas e antipartículas, como o próton e o antipróton. Todavia, os processos com pósitrons e elétrons são mais comuns, dada a dificuldade de conservação de carga e de massa, além da restrição de números quânticos de outros tipos de partículas que poderiam ser geradas (Das; Ferbel, 2003; Gautreau; Savin, 1999).

5.2 Detecção de radiação

Na medição de radiação, em geral, procura-se obter o número de partículas, como elétrons, prótons ou partículas α, que atingem o detector em dado intervalo de tempo, além de suas energias. Na maioria das vezes, esses instrumentos realizam as detecções com base na ionização gerada por partículas carregadas, mesmo no caso de radiações sem carga, que fornecem energia para partículas carregadas que causam ionização (Kaplan, 1978).

Para determinar a natureza das partículas medidas nos detectores, pode-se considerar algumas características delas: carga q, massa m, velocidade v e, até mesmo, momento $p = mv$ ou energia cinética $K = p^2/2m$. Todavia, os detectores de partículas carregadas geralmente fornecem outros tipos de parâmetros, que devem ser analisados para a obtenção das características mais elementares, como (Lilley, 2001):

- a razão momento-carga (p/q), dada a trajetória em um campo magnético;
- a velocidade v, por meio do tempo t de deslocamento x (ou ToF, do inglês *Time of Flight*);

- a razão dos quadrados da carga e da velocidade da variação da energia com a taxa de perda de energia por unidade de comprimento (dE/dx), em um contador fino de ionização;
- a energia cinética K da energia total depositada em um contador fino de ionização.

Os detectores de nêutrons geralmente não reconhecem diretamente a presença destes, mas de outros tipos de radiação emitidas das reações nucleares da partícula com o meio. Desse modo, para detecção dessas partículas são usadas versões ajustadas de outros dispositivos.

5.2.1 Cintiladores e tubo fotomultiplicador

Usada à exaustão durante o século XIX e no início do século XX, a medição por cintilação baseia-se no fato de que algumas partículas, como a α, geram um pequeno brilho quando atingem uma tela de certos materiais – o sulfeto de zinco (ZnS), por exemplo. Extremamente tediosa e limitada à contagem do observador em um microscópio, a cintilação foi ampliada na metade do século passado com a descoberta de materiais sensíveis às radiações β e γ. Atualmente, o **contador de cintilações** pode contar muito mais partículas em razão dos métodos computacionais (Kaplan, 1978) e a novos cristais cintilantes mais especializados, como o fluoreto de cálcio (CaF_2), o iodeto de sódio dopado com tálio (NaI(Tl)) ou o tungstato de chumbo ($PbWO_4$).

A Figura 5.4 apresenta um contador de cintilação utilizado no famoso LHC (do inglês *Large Hadron Collider*, ou Grande Colisor de Hádrons) pertencente à Organização Europeia para a Pesquisa Nuclear, conhecida também como *CERN* (acrônimo do antigo nome Conseil Européen pour la Recherche Nucléaire, ou Conselho Europeu para Pesquisa Nuclear), o maior laboratório de física nuclear e de física de partículas do mundo.

Figura 5.4 – Contador de cintilação utilizado no detector NA61 do Grande Colisor de Hádrons, CERN

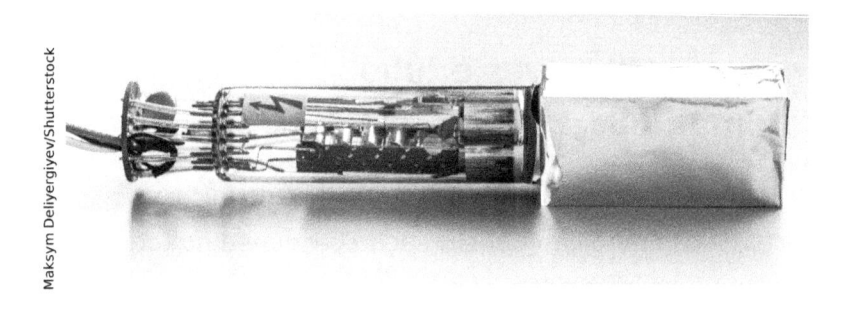

Maksym Deliyergiyev/Shutterstock

Exemplificando

A Figura 5.5 contém um diagrama ilustrativo de um sistema muito usado para detectar a presença de um número limitado de fótons, o **tubo fotomultiplicador**. Nele, a partícula a ser detectada atinge um cristal cintilador, que emite um fóton incidente no cátodo. Por meio do efeito fotoelétrico, o cátodo, geralmente fabricado com antimônio ou césio, emite elétrons para o tubo sob vácuo. Os eletrodos ao longo do tubo, denominados *dinodos*, são submetidos a potenciais gradativamente maiores, que aceleram e aumentam em uma proporção de 1 elétron para 10 em cada colisão/emissão. Dada a progressão geométrica, a corrente de saída pode ser até 10^6 vezes maior do que a emitida pelo cátodo. Além de uma fonte de alta tensão necessária para polarização dos dinodos, o espectrômetro de cintilação conta com um sistema de discriminação de pulso, um analisador multicanal e um sistema de armazenamento de dados para processamento das informações obtidas (Kaplan, 1978).

Figura 5.5 – Ilustração de funcionamento do tubo fotomultiplicador

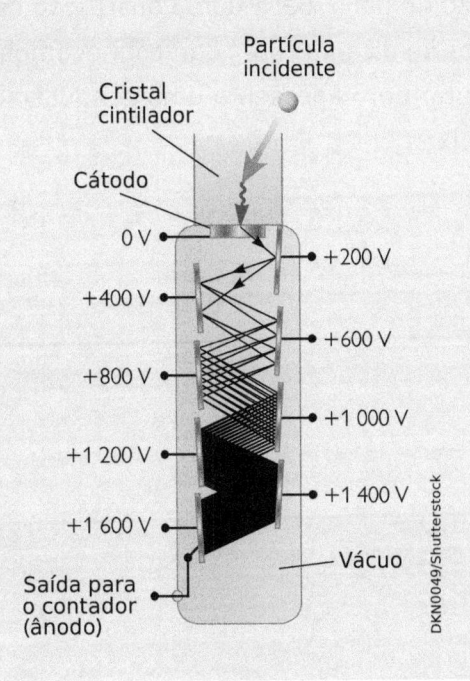

5.2.2 Detector de junção *p-n*

Um detector semicondutor consiste em um cristal, em geral de silício ou de germânio, que opera de forma semelhante a uma câmara de ionização. Todavia, por ser sólido, o cristal semicondutor apresenta um consumo de energia de operação muito menor e é menos sujeito a degradação, por conter menos partes móveis.

Um cristal semicondutor puro, também chamado de *intrínseco*, e representado na Figura 5.6a, é formado em nível atômico por uma estrutura cristalina baseada em ligações covalentes, produzida graças aos quatro elétrons de valência do átomo de silício (ou de germânio), únicos semimetais com essa característica, além do arseneto de gálio. Base para construção de todos os dispositivos semicondutores que conhecemos, o cristal semicondutor puro apresenta uma condução de corrente elétrica baixa.

Figura 5.6 – Representação de cristais de silício puro (a), dopado tipo *p* (b) e dopado tipo *n* (c), além de uma junção *p-n* com destaque na região de depleção (d)

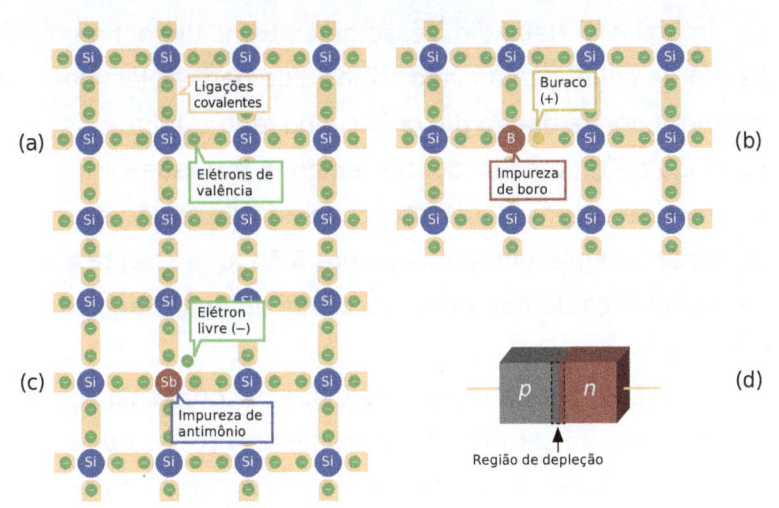

É possível alterar as características elétricas desse cristal mediante dopagem, gerando cristais condutores classificados como *extrínsecos*. O silício tipo *n*, representado na Figura 5.6b, é obtido ao se adicionar certo elemento, normalmente pentavalente, como o fósforo ou o antimônio, com o objetivo de aumentar o número de portadores de carga livres negativas: os elétrons livres. Já o silício tipo *p*, representado na Figura 5.3c, é obtido ao se adicionar certo elemento, normalmente trivalente, como o boro ou o alumínio, ao semicondutor, para aumentar o número de portadores de carga livres positivas, conhecidos como *buracos* ou *lacunas*. Comentaremos outros detalhes da dopagem na Seção 6.1.3, uma vez que a física nuclear é aplicada também nos processos de fabricação desses materiais.

Uma junção *p-n* se forma após a ligação desses dois materiais. Nela, o excesso de elétrons (livres) na banda de condução no lado *n* é atraído para as lacunas (ou buracos) na banda de valência no lado *p*, migrando ao longo de toda a junção. Na região, é formada uma barreira de potencial isolante, chamada de *região de depleção* e representada na Figura 5.6d, que resulta em uma diferença de potencial por causa do desbalanço de elétrons.

A junção *p-n*, quando encapsulada, é conhecida como *diodo* e tem um sem-fim de aplicações, entre as quais daremos ênfase à detecção de radioatividade. A característica mais marcante do diodo é sua condutividade direcional: idealmente, ela permite a passagem de corrente do lado *p* para o lado *n*, mas não o contrário. Em aplicações práticas do diodo, no entanto, há quedas de tensão e corrente de fuga nas polarizações.

A queda de um elétron em uma lacuna livre nos materiais p-n de silício ou de germânio requer uma energia de somente 3 eV. Eis que é possível gerar sinais detectáveis em câmaras de ionização por meio da deposição de um número relativamente pequeno de partículas em dispositivos semicondutores. Os detectores baseados em cristal de silício, portanto, podem ser fabricados de forma extremamente especializada, usando dopantes escolhidos a dedo para cada tipo de radiação, sem exigir grandes quantidades de energia para detecção (Das; Ferbel, 2003).

5.2.3 Detectores Cherenkov

Em algumas fontes, diz-se que, de acordo com a relatividade restrita, a velocidade da luz não pode ser ultrapassada por nenhuma partícula com massa. Essa afirmação não está de todo errada, mas falta acrescentar uma informação: é a velocidade da luz no vácuo que não pode ser ultrapassada. Na verdade, existem certos casos em que partículas se movem com velocidades maiores do que a da luz em alguns meios, mas não porque se propaguem com velocidade $v_{partícula} > c$, o que é de fato proibido, mas porque a radiação eletromagnética se propaga em materiais com velocidade:

Equação 5.9

$$v_{luz(meio)} = \frac{c}{n_{meio}}$$

Essa igualdade é inversamente proporcional ao índice de refração do meio n_{meio}, portanto. Quando partículas carregadas, incluindo radiação α e β, propagam-se no vácuo, não emitem qualquer tipo de radiação eletromagnética. Todavia, elas podem emitir fótons se entrarem em meios com índice de refração maiores do que a unidade, o que significa que são mais rápidas que a propagação da luz nesses materiais. Essa emissão de fótons é conhecida como *efeito Cherenkov* (ou *Tcherenkov*), em homenagem ao físico soviético Pavel Cherenkov (1904-1990), vencedor do Prêmio Nobel, em 1958, por essa descoberta.

De forma análoga às ondas mecânicas de choque produzidas por aviões que superam a velocidade do som no ar, as ondas eletromagnéticas são geradas em materiais na entrada de partículas altamente energéticas carregadas em razão do efeito Cherenkov. A direção da radiação eletromagnética emitida pode ser determinada via princípio de Huygens, o que permite a determinação do tipo de radiação ingressante. A radiação azul e a ultravioleta são as seções do espectro de interesse, sendo a primeira geralmente detectada por tubos fotomultiplicadores, e a segunda, em câmaras de ionização (Das; Ferbel, 2003).

5.3 Detectores e instrumentação

As principais características de dispositivos de medição na física nuclear, inerentes ao processo de medição e da metrologia, são (Okuno; Yoshimura, 2016):

- a **eficiência**, que relaciona a resposta no detector ao estímulo ou à quantidade de radiação, no caso em tela;
- a **exatidão**, que determina a proximidade da resposta do valor verdadeiro;

- a **sensibilidade**, ou a menor quantidade de detecção possível;
- a **faixa dinâmica**, que representa a faixa de valores que geram resposta na medição;
- a **repetibilidade**, correspondente à concordância entre valores obtidos para uma mesma quantidade medida;
- a **reprodutibilidade**, que tem relação com as condições de medição como o operador, o tempo ou o local de medição;
- o **tempo de resposta**, que define se a medição é instantânea ou apresenta um atraso;
- a **resolução**, que diz respeito à competência de distinguir dois sinais de valores próximos; e
- a **linearidade de resposta**, que diz se a grandeza medida e o sinal apresentam uma relação linear, ou seja, se a grandeza pode ser obtida por meio de um simples produto do sinal por uma constante.

Os detectores podem ser de três tipos básicos:

1. O **contador** somente informa da presença de radiação no local, contando o número de iterações produzidas em seu volume sensível pela radiação, região do detector na qual as interações produzem sinais.

2. No **dosímetro**, o sinal representa a dose absorvida no material do detector ou a energia depositada ao longo do tempo em seu volume sensível pela radiação.
3. Com o **espectrômetro**, é medido o espectro de energias da radiação, uma vez que são obtidas informações a respeito da presença e da energia da radiação incidente no detector.

Como o dosímetro está mais vinculado à proteção de seres vivos, apresentaremos detalhes sobre ele na Seção 5.4, na qual discutiremos os efeitos biológicos da radiação.

Desenvolvidos para medir a produção de íons quando uma partícula radioativa atravessa dado meio, os detectores de ionização consistem basicamente em uma câmara preenchida com um meio facilmente ionizável (Das; Ferbel, 2003). O **eletroscópio** faz uso da quantidade de íons gerados em um gás, incluindo o próprio ar, quando submetidos a emissões radioativas. A ionização medida, desse modo, depende diretamente da quantidade de substância radioativa presente na proximidade do dispositivo. Trata-se de um capacitor na forma de uma garrafa de Leyden, com uma folha leve de ouro cuja repulsão é controlada pela quantidade de radiação. Na Figura 5.7, ilustramos o funcionamento do eletroscópio, em que a deflexão angular da folha de ouro depende da quantidade de cargas elétricas próximas da superfície metálica posicionada na parte superior do dispositivo.

Figura 5.7 – Eletroscópio

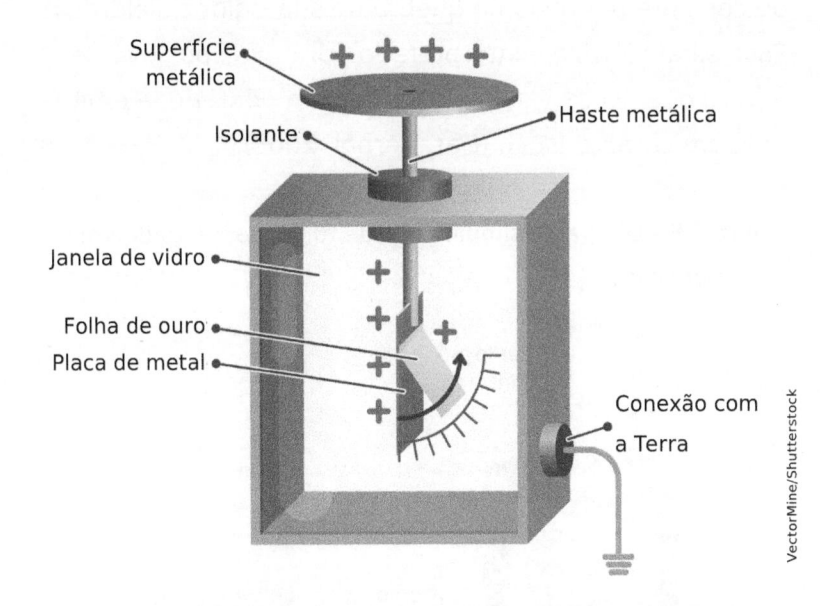

O **contador Geiger**, chamado também de *contador Geiger-Müller*, é um detector de ionização que opera em uma diferença de potencial alta o suficiente para gerar descarga gasosa para qualquer ionização produzida, independentemente de sua energia. De simples construção e insensível a pequenas variações de tensão, um diagrama simplificado de sua operação é mostrado na Figura 5.8.

A radiação penetra pela janela do dispositivo, ionizando moléculas de um gás de baixa pressão inicialmente inertes, que, ao serem bombardeadas por radiação, tornam-se eletricamente positivas. Como há uma diferença de potencial muito elevada entre o eletrodo central e as paredes do tubo, as partículas ionizadas abrem pequenos "caminhos" no gás para a passagem de corrente por meio da quebra de sua rigidez dielétrica. Esse sinal elétrico é interpretado por um dispositivo de leitura que acusa visualmente, por um ponteiro, e emite um som característico (Das; Ferbel, 2003).

Figura 5.8 – Diagrama simplificado de funcionamento de um contador Geicer

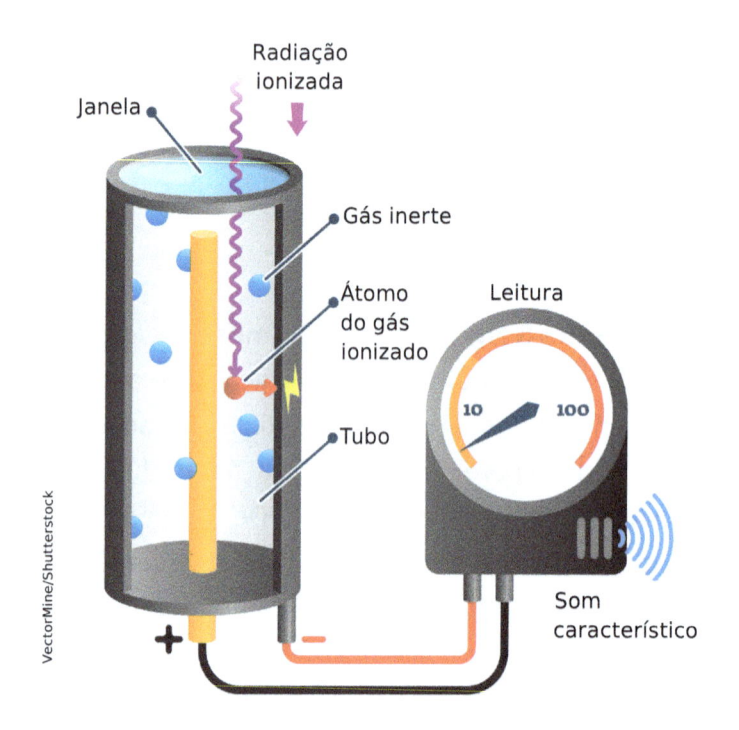

Embora exista atualmente uma grande variedade de modelos de contadores Geiger, desde leitores digitais até placas para a construção caseira, o princípio de detecção no tubo se mantém.

Outros dois contadores a gás, além do Geiger, são empregados em contextos distintos. Embora apresentem um funcionamento muito semelhante, distinguem-se, basicamente, pela diferença de potencial aplicada aos terminais do tubo. A **câmara de ionização** opera em uma faixa de valores menor do que o Geiger, conhecida como *região de ionização*. Tal nível de tensão, associado ao uso de uma pressão mais alta interna, permite obter uma resposta distinguível de cada tipo de radiação detectada.

Já o **detector proporcional** opera em uma região na qual o sinal apresenta uma relação linear com a diferença de potencial aplicada. Com o aumento da sensibilidade desse dispositivo, ocorre maior variação do sinal para pequenas alterações na alimentação do detector (Lilley, 2001; Okuno; Yoshimura, 2016).

5.4 Efeitos biológicos da radiação

O ser humano não conta com detector de radiação biológico. Os sentidos humanos recolhem informações externas que representam riscos; entretanto, nada na evolução nos preparou para detectar os efeitos da radiação nuclear.

Os raios γ, por exemplo, afetam fortemente as moléculas de DNA. A razão é simples e pode ser classicamente explicada: as dimensões nas ligações químicas das moléculas de ácido desoxirribonucleico (RNA) são da mesma ordem de grandeza do comprimento de onda da radiação γ, o que acarreta a possibilidade de ionização e recombinação de seus átomos, alterando sua estrutura. Embora pareça extremamente catastrófica, por estar relacionada a doenças como o câncer, essa propriedade é útil em alguns casos, conforme explicitaremos nas seções e no capítulo subsequentes.

5.4.1 Dosimetria da radiação

A interação do corpo humano com as partículas *a* geradas por átomos externos ao corpo humano é pouco nociva, uma vez que elas são barradas pelas camadas mais externas da pele. A ingestão e a inalação de isótopos emissores dessas partículas, todavia, são extremamente deletérias, porque produzem alta densidade de ionização, depositando grande quantidade de energia em pequenas áreas do corpo e desencadeando danos severos (Deyllot, 2015).

A **exposição** *X*, uma das mais antigas medidas dos efeitos da radiação, pode ser definida como medida de sua capacidade de ionizar um gás, mais especificamente o ar. Seu valor médio é determinado por:

Equação 5.10

$$X = \frac{\Delta q}{\Delta m}$$

Nessa equação, Δq é a carga elétrica de íons de mesmo sinal produzidos no ar quando todos os elétrons liberados pelos fótons em dado volume de ar com massa

Δm ficam totalmente estáticos. A unidade tradicionalmente empregada para exposição, sendo ainda muito usada, é o roentgen (R). O Sistema Internacional (SI) de unidades, porém, adotou recentemente o coulomb por quilograma (C/kg), sendo a relação entre ambos dada por:

$$1 \text{ C/kg} = 3{,}88 \cdot 10^3 \text{ R}$$

Contudo, a absorção de radiação varia entre substâncias, sendo um parâmetro que toma somente o ar como referência insuficiente para prever o comportamento do fenômeno. Uma quantidade mais apropriada para essa análise é a **dose absorvida** D_T, energia total depositada por unidade de massa no meio. Sua unidade no SI é o gray (Gy), que equivale a 1 joule de energia absorvida por quilograma de material. Pode ser definida como:

$$D_T = \frac{\varepsilon_T}{m_T}$$

em que ε_T é a energia total depositada em uma órgão ou tecido de massa m_T. Uma unidade muito aplicada foi o rad (*radiation absorbed dose*, ou dose de radiação absorvida), sendo sua equivalência com o gray e com a energia da dose em MeV a seguinte:

$$1 \text{ Gy} = 100 \text{ rad} = 6{,}25 \cdot 10^{12} \text{ MeV/kg}$$

Para obter uma melhor estimativa dos efeitos da radiação em tecidos, outro parâmetro utilizado é a **dose equivalente** H_T. Ela mede com mais precisão os danos biológicos na estrutura celular e a quebra de ligações moleculares e atômicas, pois cada tecido tem uma resposta para a radiação incidente. A unidade da dose equivalente é o sievert (Sv), em homenagem ao cientista sueco Rolf Sievert (1896-1966), e é definida como:

$$H_T = \sum_R w_R D_{T,R}$$

O somatório, conforme indicado, é realizado para cada tipo de radiação R; H_T é a dose equivalente absorvida por um tecido T; $D_{T,R}$ é a dose absorvida em sieverts no tecido T pela radiação R; e w_R, anteriormente conhecido como *fator Q*, é um parâmetro adimensional dito **fator de ponderação** (ou *fator de risco*) de radiação. Ele se baseia no tipo de radiação absorvida e é usado para obter o equivalente à dose absorvida média sobre um tecido ou um órgão. Quando uma pessoa é irradiada por todo o corpo com uma dose absorvida de 4 Gy, conhecida como *dose letal*, tem 50% de chance de morrer em 30 dias (Okuno, 2018). Alguns valores de w_R para cada tipo de radiação constam no Quadro 5.1.

Quadro 5.1 – Fator de ponderação e suas radiações correspondentes

Tipo de radiação	w_R
Fótons, elétrons e múons com qualquer energia	1
Nêutrons com energia menor do que 10 keV	5
Nêutrons com energia entre 10 keV e 100 keV	10
Nêutrons com energia entre 100 keV e 2 MeV	20
Nêutrons com energia entre 2 MeV e 20 MeV	10
Nêutrons com energia maior do que 20 MeV	5
Prótons	5
Partículas a, fragmentos de fissão e núcleos pesados	20

Fonte: Elaborado com base em Basdevant; Rich; Spiro, 2006; Lilley, 2001.

Exercício resolvido

Determine a dose equivalente em uma pessoa que ingere uma pequena quantidade de trítio que emite radiação beta de 18 keV, com uma dose absorvida de 500 mrad.

Resolução

Transformando a dose absorvida para o SI (em grays), tem-se:

$$D_T = 500 \cdot 10^{-3} [\text{rad}] \frac{1[\text{Gy}]}{100[\text{rad}]} \Rightarrow D_T = 5\,\text{mGy}$$

Como a emissão β é de elétrons, o fator de ponderação é $w_R = 1$:

$$H_T = \sum_R w_R D_T = w_R D_T = (1)(5 \cdot 10^{-3}) \Rightarrow H_T = 5\,\text{mSv}$$

Para incluir a diferença de sensibilidade de cada órgão e de partes do corpo que têm diferentes respostas à radiação, foi definida uma outra quantidade, a **dose efetiva E**, dada por:

$$E = \sum_T w_T H_T = \sum_T \sum_R w_T w_R D_{T,R}$$

Os somatórios são realizados para cada tipo de radiação R e tecido T; H_T é a dose equivalente absorvida por um tecido T; $D_{T,R}$ é a dose absorvida em sieverts no tecido T pela radiação R; w_R é o fator de ponderação; e w_T, o fator de ponderação para diferentes tipos de tecidos, apresentados no Quadro 5.2.

Quadro 5.2 – Fatores de ponderação de órgãos e tecidos

Tecido	w_T
Medula óssea	0,12
Cólon	0,12
Pulmão	0,12
Estômago	0,12
Mama	0,12
Gônadas	0,08

(continua)

(Quadro 5.2 – conclusão)

Tecido	W_T
Bexiga	0,04
Fígado	0,04
Esôfago	0,04
Tireoide	0,04
Pele	0,01
Superfície óssea	0,01
Cérebro	0,01
Glândulas salivares	0,01
Restante	0,12

Fonte: Elaborado com base em Okuno; Yoshimura, 2016.

Mede-se a dosimetria em uma curiosa unidade informal: a dose equivalente a uma banana (BED, do inglês *banana equivalent dose*). Ela foi criada para explicar a existência de radioatividade em elementos tão comuns quanto as frutas. A banana, especificamente, contém radioisótopos, notadamente o potássio-40, e chega a ter uma dose equivalente que pode chegar a 0,1 µSv, ou 1 BED, portanto, equivalente a essa dose de radiação.

5.4.2 Resposta de organismos biológicos à radiação

Grande parte do temor que ronda a física nuclear decorre dos efeitos da radioatividade em seres vivos.

As descrições de ferimentos e doenças causados pelas explosões de bombas e de vazamentos em usinas nucleares alimentam muito a aversão ao tema. Todavia, todos os dias, inúmeras pessoas se beneficia de tratamentos para várias doenças que fazem uso da radioatividade, com destaque para a radioterapia usada no tratamento do câncer (Figura 5.9).

Figura 5.9 – Paciente recebendo tratamento de radioterapia para o câncer de mama

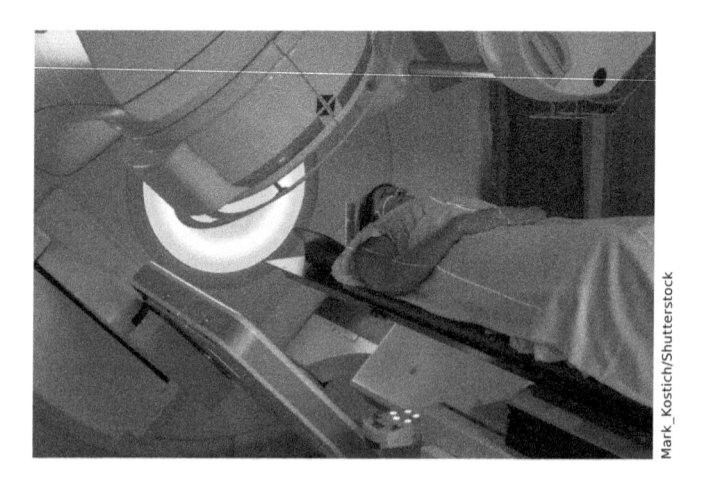

Disso provém a importância de se conhecerem todos os efeitos biológicos da radioatividade, o que possibilita aproveitá-la em diversas aplicações e "conviver" com ela, respeitando seus limites e seus riscos. Ficamos expostos a pequenas doses de radioatividade o tempo todo; todavia, é necessário estabelecer limites seguros de exposição em situações nas quais os valores podem ser extrapolados, tudo com base em pesquisas que estão sendo realizadas no dia a dia.

Quando um tecido vivo é submetido à radiação, ele responde, inicialmente, como qualquer material; porém, pode se autorreparar. Os danos aos tecidos provocados pela radiação envolvem uma complexa série de eventos, desde interações muito rápidas, com efeitos na faixa dos picossegundos, até consequências que podem se desenrolar por período de dias, semanas ou mesmo anos, chegando a se manifestarem somente em gerações futuras do indivíduo.

O primeiro resultado que se pode obter da interação de qualquer radiação com a matéria é a deposição da energia por meio da ionização e da excitação de átomos e moléculas. O efeito, todavia, depende do tipo de radiação.

Os prótons, as partículas α e os íons pesados interagem diretamente com os tecidos, colidindo primeiramente com elétrons. Em contato com tecidos, partículas α, com 1 MeV, são facilmente paradas pela pele, pois penetram apenas algumas dezenas de micrômetros. Contudo, a ingestão pode gerar muito mais danos no caso do isótopo emissor desse tipo de partícula, dada a possível irradiação de órgãos internos.

Elétrons perdem energia mediante colisões com outros elétrons, mas são facilmente espalhados, por serem muito leves. Eles também são mais penetrantes, porque sua perda de energia por unidade de distância penetrada é muito menor do que a das partículas α. São necessários alguns milímetros de metal para proteger o corpo humano da emissão de partículas β de 1 MeV. Há também a perda de energia na forma de emissão de fótons γ causada pela aceleração ou pela desaceleração.

Por serem eletricamente neutros, os nêutrons não causam ionização diretamente. Na maioria das vezes, contudo, a absorção dessas partículas pelas abundantes moléculas de água dos tecidos vivos resulta na criação de deutério, o que leva à emissão de fótons γ. Ainda é possível perder energia por meio de colisões elásticas quando atingem os tecidos com altas energias, maiores ou iguais a alguns keV.

Em geral, os fótons transferem energia para elétrons mediante o efeito Compton, o efeito fotoelétrico e a produção de pares. Desse modo, os raios γ de alguns são muito penetrantes e necessitam de uma blindagem de alguns centímetros de chumbo para serem barrados.

Além das alterações causadas pela incidência direta da radiação, existe o dano químico indireto, resultado de todas as interações físicas entre o tecido e a radiação incidente, que geram átomos e moléculas excitados ou ionizados. Uma das principais interações é a criação de radicais livres, que podem ser consideravelmente nocivos. O elétron não tende a parear com radical similar ou eliminar os elétrons ímpares em uma transferência. Por isso, os radicais livres se tornam extremamente reativos e podem se difundir o suficiente para gerar mudanças químicas em locais com estruturas biológicas críticas. A ionização de moléculas de água, comum em razão de sua grande quantidade em tecidos vivos, produz elétrons livres e uma molécula com carga positiva. Um elétron emitido com o processo pode ser capturado por outra molécula de água, convertendo-a em um íon negativo, que, por ser instável, dissocia-se e gera radicais livres OH_- e H_+. Esses radicais "roubam" hidroxilas e hidrogênios de moléculas orgânicas, gerando radicais livres orgânicos que, por sua vez, podem reagir e destruir outras moléculas biologicamente mais complexas e importantes, como cromossomos. Essa mudança pode gerar a morte da célula ou a modificação de informações passadas às futuras gerações. Níveis baixos de radiação, contudo, produzem somente fótons de baixa energia e partículas β, reparáveis e que não causam grandes problemas (Lilley, 2001).

5.5 Fontes de radiação naturais e artificiais

A maior parte da radiação que recebemos vem da própria natureza, sendo o restante proveniente de fontes artificiais, como procedimentos médicos e dentais, produtos para o consumidor e outros usos mais específicos. É de se esperar, todavia, que algumas atividades ocupacionais aumentem a exposição de certos grupos de pessoas.

Aproximadamente, 85% da radiação que recebemos todos os anos, por volta de 2 600 µSv, advém de **fontes naturais**. Grande parte disso provém da crosta terrestre. A radiação da Terra é de isótopos naturais que ocorrem em rochas e em materiais de construção. Os três mais comuns são o urânio-238, o tório-232 e o potássio-40, o mesmo elemento presente na banana. Ainda, a diferença dos níveis de radiação pode chegar a extremos dependendo somente da posição geográfica. A Figura 5.10 mostra um trecho da praia de areias pretas em Meaípe, no sul do município de Guarapari, no Espírito Santo, que tem uma dose equivalente de 100 µSv/h, mais de mil vezes o normal em balneários urbanos.

Figura 5.10 – Praia com areia radioativa em Meaípe, Guarapari (ES)

Gilson Mekelburg/Shutterstock

Outra forma de emissão natural, a **irradiação interna** ocorre por causa da ingestão ou da inalação de radionuclídeos como o potássio-40, o rubídio-87 ou o chumbo-210, inevitáveis, por estarem presentes na alimentação humana. A maior parte, no entanto, relaciona-se com a inalação do gás radônio e dos produtos de seu decaimento. Sua difusão do solo e de materiais de construção gera uma dose efetiva de 1 mSv a 2 mSv para moradores de prédios (Basdevant; Rich; Spiro, 2006).

Há também os raios cósmicos, na maioria prótons e partículas α, que, ao atingirem a Terra, reagem com a atmosfera e produzem uma grande quantidade de raios γ e elétrons. Os valores aproximados de doses equivalentes de raios cósmicos são de, aproximadamente, 2 mSv ao nível do mar (Basdevant; Rich; Spiro, 2006). Em cidades com mais de 1 500 m acima do nível do mar, como Campos do Jordão, em São Paulo, as taxas de radiação podem ser até três vezes maiores do que nas cidades litorâneas; e em voos comerciais, a 10 mil metros, elas podem ser até 150 vezes maiores.

Entre as **fontes artificiais** estão alguns produtos feitos diretamente para o consumidor, como: a tinta luminosa, que tem emissores de radiação β, trítio e promécio-147; os detectores de fumaça, que contêm amerício-241; além de outros produtos branqueadores e fluorescentes aplicados em louças nas cores vermelho, amarelo, marrom, preto e verde, que podem conter óxido de urânio. A maior exposição em produtos de consumo, todavia, acontece com artigos da indústria tabagista. Fumantes ativos e passivos são altamente sujeitos ao câncer de pulmão em razão das concentrações de chumbo-210 e polônio-210 presentes na fumaça do cigarro por causa da absorção do radônio pelo tabaco.

Curiosamente, também o corpo humano é emissor de radiação em virtude da existência de radioisótopos de carbono-14 nos tecidos que o compõem. A quantidade de radiação a que somos sujeitos por causa do isótopo presente em nossos corpos é muito pequena, na faixa de 11 μSv, irrelevante quando comparada aos 100 μSv do potássio-40, também comumente presente em nossos corpos e na banana (Lilley, 2001).

O Quadro 5.3 reúne as contribuições de diversas fontes de radiação para a dose equivalente média que recebemos todos os anos em condições normais, ou seja, em um local não sujeito a um evento de origem nuclear.

Quadro 5.3 – Doses efetivas e típicas anuais

Fonte	E(mSv)
Radiação cósmica ao nível do mar	0,26
Radiação cósmica a 2 000 m de altitude	0,40
Radiação cósmica a cada 1 600 km de viagem aérea	0,01
Raios γ ao nível do mar	0,46
Ar (radônio)	2,0
Testes de armamento	0,01
Raios γ de habitação (pedra, tijolo, concreto)	0,07
Comida e bebida	0,3
Televisão	0,01
Raios X médicos	0,40
Total	**3,6**

Fonte: Elaborado com base em Basdevant; Rich; Spiro, 2006, p. 272.

Para saber mais

BRASIL. **Comissão Nacional de Energia Nuclear**.
Disponível em: <www.cnen.gov.br>. Acesso em: 28 jan. 2023.

Uma central de informações em português completíssima sobre física nuclear, o *site* da Comissão Nacional de Energia Nuclear (Cnen) apresenta ótimos artigos, livros, apostilas e folhetos sobre o assunto. Além disso, é possível obter informações legislativas e de serviços e diversas outras sobre o uso da energia nuclear no Brasil.

Síntese

Iniciamos este capítulo discutindo como ocorre a interação da radiação com a matéria, por meio da exploração de três fenômenos quânticos: (1) o efeito fotoelétrico, (2) o efeito Compton e (3) a produção/aniquilação de pares.

Na sequência, exploramos os fundamentos dos detectores de radiação e dos instrumentos usados para sua medição. Então, verificamos, mediante vários parâmetros, como medir os efeitos da exposição de radiação em seres vivos. Por fim, verificamos alguns emissores naturais e artificiais de radiação.

Questões para revisão

1) Leia o texto a seguir.

> A dispersão de Compton é a dispersão inelástica ou não clássica de um fóton (que pode ser um fóton de raios X ou gama) por uma partícula carregada, geralmente um elétron. Na dispersão de Compton, o fóton de raios gama incidente é desviado através de um ângulo em relação à sua direção original. Essa deflexão resulta em uma diminuição na energia (diminuição na frequência do fóton) do fóton e é chamado de **efeito Compton**. O fóton transfere uma parte de sua energia para o **elétron de recuo**. [...] A dispersão de Compton foi observada por **A. H. Compton em 1923** na Universidade de Washington em St. Louis. Compton ganhou **o Prêmio Nobel de Física em 1927** por esse novo entendimento sobre a natureza das partículas dos fótons.
> (Connor, 2020, grifo do original)

Em um espalhamento Compton envolvendo um fóton e um elétron, inicialmente estático, determine a velocidade obtida pelo elétron após a interação, considerando que ele obtém 1/3 do momento de um fóton de raios γ com $\lambda = 1,90$ fm.

2) Leia o texto a seguir.

> Os instrumentos de medição, também conhecidos como padrões de medição, são dispositivos destinados a realizar operações que têm por objetivo determinar

o valor de uma grandeza física. As radiações ionizantes são medidas pela interação da radiação com um detector.

Detectores de radiação são instrumentos sensíveis à radiação ionizante, utilizados para determinar a quantidade de radiação existente em uma região. A junção entre um detector e um medidor, é chamada de monitor de radiação. Os detectores que indicam a radiação total a que uma pessoa foi exposta são chamados de dosímetros. (Safety, 2008)

A respeito dos cintiladores e dos detectores de radiação, analise as afirmativas a seguir.

I) Os detectores Cherenkov detectam as partículas por meio dos fótons emitidos por partículas que se movem com velocidade superior à da luz quando entram em alguns meios.

II) Os detectores de junção *p-n* utilizam cristais de silício dopados com diferentes átomos para detectar partículas carregadas.

III) O tubo fotomultiplicador é usado para aumentar a intensidade de feixes de partículas de outro modo não detectáveis.

Agora, assinale a alternativa que apresenta todas as proposições corretas:

a) I, II e III.
b) I e II.

c) I e III.
d) II.
e) II e III.

3) Leia o texto a seguir.

Os níveis de radiação próximo ao local do desastre nuclear de Chernobyl aumentaram no fim de semana depois de um incêndio consumir uma área de 20 hectares – equivalente a 28 campos de futebol. [...] "Há más notícias – no centro do incêndio, a radiação está acima do normal", escreveu Egor Firsov, diretor do serviço de inspeção ecológica da Ucrânia, em um post no Facebook ao lado de um vídeo de um contador Geiger. "Como você pode ver no vídeo, as leituras do dispositivo são 2,3, quando o normal é 0,14. Mas isso é apenas dentro da área do incêndio", afirmou Firsov.
(Picheta, 2020)

Com base em seus conhecimentos a respeito do contador Geiger, analise as afirmativas a seguir e a relação proposta entre elas.

I) O som característico e a leitura de um contador Geiger indicam a emissão de radiação ionizante em uma fonte radioativa,

PORQUE

II) a radiação ioniza as moléculas de um gás inerte no contador, quebrando sua rigidez dielétrica e permitindo pequenos pulsos de corrente.

A respeito dessas proposições, é correto afirmar que:

a) I é falsa, e II é verdadeira.
b) I e II são falsas.
c) I e II são verdadeiras, e a II justifica a I.
d) I e II são verdadeiras, mas a II não justifica a I.
e) I é verdadeira, e II é falsa.

4) Leia o texto a seguir.

Um desastre triplo acometeu a principal ilha do Japão na tarde de 11 de março de 2011. Um terremoto de magnitude 9.0 na escala Richter, nunca antes registrado no país, atingiu a costa leste da ilha principal. Menos de uma hora depois dos fortes tremores, ondas gigantes varreram várias áreas do litoral japonês, [...], a Usina Nuclear de Fukushima Daiichi foi inundada pelas ondas, o que causou o superaquecimento de três reatores nucleares e posterior liberação de substâncias radiativas no ar. [...]. O nível de radiação na usina chegou perto de 12 mil µSv/h (microsievert por hora) em 15 de março de 2011, após explosão na câmara de um dos reatores, segundo monitoramento da Tokyo Electric Power Company (Tepco), a empresa responsável pela usina. (Moura, 2022)

Determine a dose equivalente em uma pessoa sujeita a uma dose absorvida de de partículas emitidos por isótopos radioativos ingeridos com água contaminada.

5) Leia o texto a seguir.

A praia radioativa: [...] Se você for a Guarapari uma vez por ano, ficar lá um mês e passar 12 horas por dia na areia (haja disposição), totalizando 360 horas, será exposto a 1,2 milisievert de radiação. É o dobro da dose anual normal – mas está bem longe de causar qualquer problema. Um reles exame de raio X emite bem mais, até 8 milisievert. (Para aumentar seu risco de câncer, você precisa tomar pelo menos 100 mSv). (Garattoni, 2018)

Com base em seus conhecimentos em fontes de radiação, analise as afirmativas a seguir sobre as características das fontes de radiação naturais.

I) Podem ser materiais de construção, por causa do isótopo radioativo radônio-222.
II) Podem ser bananas, por causa do isótopo radioativo potássio-40.
III) Podem ser os seres humanos, por causa do isótopo radioativo carbono-14.

Considerando essas proposições, assinale a alternativa que lista todas as que citam fontes de radiação:

a) II e III.
b) I, II e III.
c) I e II.
d) I e III.
e) II.

Questões para reflexão

1) Leia a reportagem sobre a praia radioativa no Espírito Santo no *link* indicado a seguir e pesquise outros lugares no mundo naturalmente radioativos, listando-os.

GARATTONI, B. A praia radioativa. **SuperInteressante**, 24 jan. 2018. Disponível em: <https://super.abril.com.br/historia/a-praia-radioativa/>. Acesso em: 20 abr. 2023.

2) Consulte pessoas que trabalham na área da radiologia para responder à seguinte pergunta: Por que esses profissionais devem ficar protegidos por grossas camadas de proteção radiológica se os pacientes ficam totalmente expostos?

Aplicações da física nuclear

6

Conteúdos do capítulo

- Física nuclear industrial.
- Medicina nuclear.
- Astrofísica e cosmologia nuclear.
- Datação radioativa e outros usos da física nuclear.
- Segurança em física nuclear.

Após o estudo deste capítulo, você será capaz de:

1. indicar aplicações da física nuclear na indústria;
2. identificar aplicações da física nuclear na medicina;
3. aplicar a física nuclear na astrofísica e na cosmologia;
4. apontar o uso da física nuclear na datação e em outras atividades;
5. citar os principais cuidados necessários ao se aplicar a física nuclear.

6.1 Física nuclear industrial

Embora a geração de energia seja a primeira ideia de uso da física nuclear na indústria, seu uso extrapola as usinas. Além de seu uso no diagnóstico médico, comentaremos que a radioatividade pode ser aplicada como instrumento de modificação em processos industriais.

6.1.1 Marcação radioativa

A radiação nuclear, como expusemos no capítulo precedente, pode ser detectada com alta sensibilidade e, por haver emissão de tipos de radiação específicos para cada nuclídeo, foi desenvolvida uma aplicação para seu rastreamento, a marcação radioativa. Usada largamente em medicina, química, engenharia, agricultura, metalurgia, geologia, zoologia e criminologia, seu princípio de funcionamento é relativamente simples. Radionuclídeos, em quantidades muito pequenas, são adicionados a outras substâncias não radioativas, cujos caminhos em sistemas complexos podem ser determinados pela detecção da emissão de radiação do núcleo radioativo. Em geral, a substância que se deseja rastrear precisa apresentar uma grande afinidade química com o radionuclídeo, sendo, por vezes, até mesmo um isótopo dele. A marcação radioativa é altamente eficiente quando comparada a métodos químicos, que necessitam de maior quantidade de átomos e causam mais alterações no sistema.

O uso de marcadores radioativos na pecuária é comum, por exemplo, na marcação com radioisótopos em alimentos para animais. Vitaminas administradas para vacas podem ser rastreadas até a produção do leite e, em galinhas, até a produção de ovos, ou mesmo a carne no corte desses animais. Na agricultura, ela é muito usada na pesquisa de prevenção a pragas em plantações, em que o acréscimo do enxofre-35 em pesticidas, por exemplo, possibilita determinar a quantidade de produto depositado nas folhas e evita o excesso de uso de defensivos com alta toxicidade. Ademais, o espalhamento de fertilizantes marcados possibilita determinar sua difusão no solo.

Em máquinas industriais, os rastreadores podem ser aplicados em óleos lubrificantes, a fim de acusar a necessidade de sua troca com a mudança baseada na radiação detectada. Na indústria automobilística, pneus podem ter sua superfície marcada com uma quantidade decrescente de isótopos, de tal maneira que um detector pode ser posicionado próximo a sua superfície e seu desgaste pode ser gerenciado em tempo real. Além disso, podem ser analisadas diferentes respostas de uso para tipos distintos de pavimentação, velocidade do veículo e carga, entre outras aplicações.

No processo de manufatura, a marcação pode ser usada, entre outras finalidades, para verificar a integridade dos componentes da produção. Gases perigosos e/ou inodoros, de difícil detecção, podem ser misturados a pequenas quantidades de isótopos radioativos, sendo a circulação do ar submetida a medição com um simples contador Geiger (Lilley, 2001).

6.1.2 Caracterização e medição

A caracterização de materiais é outra atividade presente na indústria que requer o uso de fontes radioativas e detectores dedicados. Por meio de uma medição simples e sem contato, os materiais podem ser avaliados nas mais diversas propriedades. A radiação nuclear, em sua interação com a matéria, por exemplo, é seletivamente desacelerada e/ou atenuada, com respostas diferentes para as radiações α, β e γ, permitindo, assim, a determinação da espessura do material. Esses detectores são extremamente sensíveis e rápidos, reduzindo o tempo de análise do produto nas linhas de produção.

Num processo semelhante, mas com lógica inversa, o material disposto em uma amostra pode ter suas características físicas ou químicas determinadas. Como os raios de diferentes energias são absorvidos de forma distinta por vários materiais, é possível definir o tipo do material presente sem contato direto. Níveis de líquidos podem ser obtidos com base em emissores e sensores posicionados em lados opostos de um tanque sem necessitar abri-lo, situação imperativa no armazenamento de substâncias tóxicas. Inclui-se aí o uso no armazenamento e na determinação de volume, massa e densidade de rejeitos de usinas nucleares (Lilley, 2001).

Uma vez que realiza uma medição não destrutiva e tem aplicação em laboratório ou até mesmo em campo, a **radiografia gama** é muito utilizada para a verificação da integridade de materiais dentro da indústria. Esse tipo de medição permite averiguar a corrosão interna de oleodutos e outras tubulações, o controle de qualidade em soldas, a integridade em isolantes elétricos em linhas de alta tensão, além de atuar na investigação de fissuras por fadiga em pontos críticos de aeronaves. Para tanto, é utilizada uma fonte selada de raios γ, geralmente de irídio-192, associada a placas ou filmes de materiais sensíveis à radiação (Okuno; Yoshimura, 2016).

6.1.3 Tratamento de materiais

Além da simples medição, é possível realizar alterações significativas nos materiais, com o fito de modificar suas propriedades mecânicas, térmicas, ópticas, elétricas, magnéticas ou químicas. Essas transformações são importantes para aplicar os materiais de forma otimizada em produtos e em processos industriais, visando à redução de custos e/ou à melhoria da qualidade dos produtos.

Exemplificando

A irradiação β ou γ, por exemplo, remove elétrons de compostos orgânicos, permitindo o agrupamento de moléculas grandes em moléculas ainda maiores e formando os polímeros, os quais têm diversas aplicações.

Essa quebra, seguida da religação de moléculas estimulada por radiação, é também aplicável na cura de certos revestimentos de superfície, criando camadas poliméricas mais longas e, por isso, com menos chance de "descascar", secando muito mais rapidamente do que uma pintura convencional.

Entre as características mais requisitadas na indústria metalúrgica, três sobressaem: (1) o aumento da dureza; (2) a resistência ao desgaste; e (3) a resistência à corrosão. Para aprimorar metais com essas propriedades, implantam-se íons por meio de feixes com energias na faixa de 50 keV a 200 keV em pequenos aceleradores. Os íons dentro do material, incluindo o boro, o nitrogênio, o carbono, o tântalo, o titânio e o cromo, formam ligas que alteram suas propriedades mecânicas. O tipo de mudança depende da natureza e da quantidade de íons. Processos tradicionais, por sua vez, são mais demorados e geram mais deformação, por necessitarem de altas temperaturas. O tratamento de superfície de próteses, a proteção de peças para a aviação comercial e militar e o aumento da dureza de ferramentas de corte estão entre os principais utilizadores do processo.

Todavia, a maior revolução em aplicação da radioatividade industrial foi a dopagem de materiais em cristais de silício, com o objetivo de desenvolver os materiais semicondutores descritos brevemente na Seção 5.2.2. Na dopagem, elementos como o boro, o arsênio ou o fósforo são inseridos por meio de feixes de partículas em espessuras de até 1 μm de forma extremamente precisa, variando a densidade entre cem e dez milhões de dopantes por micrômetro quadrado (Lilley, 2001).

6.2 Medicina nuclear

Desde as primeiras descobertas da física nuclear, a medicina vem fazendo uso de seus conceitos para fins diagnósticos e terapêuticos. Começaram com as primeiras observações a respeito das respostas biológicas do corpo humano realizadas por Pierre Curie, passando pelos tratamentos de câncer até a inserção de rádio no tecido afetado, uma técnica ainda em uso. O campo da medicina nuclear é extremamente vasto, razão pela qual faremos uma apreciação somente superficial na próxima seção.

6.2.1 Radiofármacos e tratamentos de doenças

Os **radiofármacos** são substâncias químicas que apresentam em sua composição um isótopo radioativo quimicamente ligado a uma molécula não radioativa com afinidade biológica a determinado órgão ou tecido.

Semelhantes ou mesmo idênticos aos marcadores que citamos na Seção 6.1.1, os radiofármacos podem ter seu uso tanto no diagnóstico quanto no tratamento de doenças.

Iniciando com a primeira administração de iodo-131, em 1946, a radiofarmacologia deu um salto em sua aplicação com o tecnécio-99m, um isômero nuclear do tecnécio-99 que tem meia-vida de apenas seis horas, o suficiente para sua produção e seu uso sem grande exposição do paciente. Em 1965, foi introduzido o gerador de molibdênio-99/tecnécio-99m, que permite a produção do isômero em centros de medicina nuclear de forma simples e rápida. Tanto o molibdênio-99 quanto o tecnécio-99m são obtidos via fissão ou por captura de nêutron do molibdênio-98 (Krane; Halliday, 1988). Aproximadamente 80% dos procedimentos de diagnóstico por imagem em todo o mundo empregam esse radiofármaco. Entre suas vantagens, destaca-se a emissão γ de baixa energia, de aproximadamente 140 keV (Vital et al., 2019), sem a emissão conjunta de radiação β.

No contexto brasileiro da radiofarmacologia, evidencia-se o uso do já citado tecnécio-99m, em exames de cintilografia; do iodo-131, na terapia de hipertireoidismo, em tratamentos de câncer e em exames de cintilografia da tireoide; e do gálio-67, administrado em pacientes com linfoma em tratamentos de longo prazo em análise tumoral e de processos inflamatórios e infecciosos. De forma geral, utilizam-se também o flúor-18, um emissor de pósitrons com meia-vida de 109 minutos; o iodo-123, emissor γ, usado somente em diagnósticos por seu poder de penetração em curta duração; o tálio-201, aplicado em geração de imagens tumorais; o criptônio-81m e o xenônio-133, emissores γ empregados na investigação de estudos de ventilação pulmonar (Gonçalves et al., 2018).

O tratamento com **radioterapia** derivou do estudo das primeiras emissões radioativas e cresceu principalmente no início do século XX, sem, porém, o cuidado necessário, em razão do desconhecimento de seus efeitos colaterais. Atualmente, contudo, sua aplicação é de extrema importância na oncologia, em que é usada na eliminação de tumores pela aplicação de radiação ionizante. As células cancerígenas, em virtude de sua divisão acelerada, são mais sensíveis quando comparadas às células saudáveis. A radioterapia, portanto, torna a letal capacidade de multiplicação rápida de tumores malignos em sua principal debilidade, pois, quando sujeitas à radiação, elas tendem a se degradar com mais facilidade.

Em geral, é utilizada a técnica de irradiar o tumor em várias direções, o que aumenta consideravelmente o dano nas células cancerígenas e minimiza a degradação em tecidos sadios nas redondezas. Quanto mais profundo for o tumor, contudo, mais energética deve ser a radiação adotada.

❓ O que é

Há dois tipos de radioterapia, dependendo da distância em que é posicionada a fonte de radiação. Na **braquiterapia** (o prefixo *brachi*, do grego, significa "próximo"), os materiais radioativos são posicionados próximos ao tumor ou em contato direto com ele. O radioisótopo mais usado nesse caso é o irídio-92, para a emissão de raios em forma de fios finos ou de sementes. Já na

teleterapia (o prefixo *tele*, também do grego, significa "distante"), ou terapia externa, o paciente recebe emissões radioativas de elementos como o rádio-226, o cobalto-60 e o césio-137 (sobre o qual trataremos na Seção 6.5.2) a uma distância mais considerável, geralmente entre 30 cm e 150 cm (Okuno, 2018).

6.2.2 Diagnóstico na medicina nuclear

A projeção de imagens internas do corpo humano permitiu um avanço na medicina, cujos exames menos invasivos podem ser realizados mais facilmente. Uma evolução das radiografias de raios X pertencente à área de estudos da física atômica, a formação de imagens com raios γ utiliza uma fonte externa ao corpo do paciente ou até radiação interna emitida por substâncias radioativas de dentro para fora. Isso pode suscitar questões relativas ao aparentemente perigoso uso de substâncias emissoras de radiação dentro do corpo humano. Todavia, lançando mão dos conceitos da interação da radiação com a matéria, que detalhamos na Seção 5.1, foi possível dimensionar e aplicar essa técnica tão singular (Lilley, 2001).

A Figura 6.1a mostra uma **câmara gama**, que, como o próprio nome revela, detecta radiação γ proveniente de um radiofármaco administrado no paciente – em geral, o tecnécio-99m. A unidade de detecção contém um cintilador de cristal de iodeto de sódio (NaI) associado a uma série de tubos fotomultiplicadores, que detectam os raios γ convertidos no cristal mediante sinais mensuráveis. Um colimador, posicionado em frente aos cristais, permite a detecção da radiação γ de forma mais "focada", permitindo somente a absorção de fótons emitidos em linha reta e eliminando os componentes diagonais. Dadas as diferenças de intensidade dos sinais detectados, dependentes da posição de origem do emissor, os sinais são processados por *softwares* especializados, que permitem a formação da imagem com alta precisão. A resolução espacial nesse tipo de dispositivo fica em torno de 8 mm a 12 mm, dependendo geralmente da geometria adotada no colimador (Lilley, 2001).

Figura 6.1 – Uso de câmara gama (a) e de tomografia computadorizada (b)

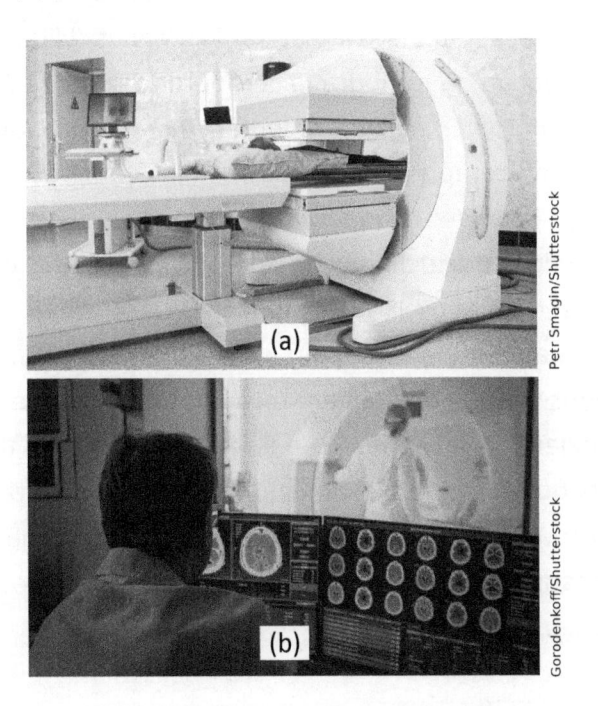

Em 1971, uma técnica de escaneamento revolucionou os diagnósticos na medicina. O princípio básico do funcionamento da **tomografia computadorizada** é o de que toda informação necessária para criar uma imagem de uma camada bidimensional, independentemente do tecido analisado, pode ser obtida com base em um conjunto de várias imagens unidimensionais, projetadas em todas as possíveis direções no plano de corte.

Essa tecnologia permitiu a geração de imagens internas de cérebros de pacientes na forma de seções bidimensionais, com resolução pontual na faixa de 1 mm e resolução de contraste de 5%, já há mais de 20 anos. Com a possibilidade de adquirir imagens em tempo real, essa técnica produz imagens por meio de fontes externas ou da inalação ou ingestão de radioisótopos (Lilley, 2001).

A variação da tomografia computadorizada, a **SPECT** (*Single-Photon Emission Computed Tomography*, ou tomografia computadorizada por emissão de fóton único) também pode ser usada para reconstruir a distribuição interna de radionuclídeos de imagens projetadas com a emissão de raios γ. A distribuição do dispositivo consiste geralmente em uma ou mais câmaras gama, que podem ser rotacionadas em torno do paciente, gerando as imagens necessárias para a reconstrução. Por usarem rastreadores com emissão limitada de fótons unitários, como seu nome indica, seus efeitos são usados para diagnósticos clínicos, mas não para medidas quantitativas precisas (Lilley, 2001).

A **tomografia por emissão de pósitrons**, ou **PET** (do inglês *Positron Emission Tomography*), utiliza a aniquilação do pósitron quando está em repouso, o que resulta em dois fótons emitidos com mesma intensidade e direção, mas em sentidos opostos. Quando esses fótons são detectados no mesmo instante, com base em dois detectores em locais opostos, a aniquilação é determinada. Para a medição, portanto, um composto marcado com um radioisótopo emissor de pósitron é introduzido em um paciente, tal como nos processos que já explicamos. Todavia, a leitura é baseada em um sistema colimado, aumentando a eficiência da detecção e reduzindo a exposição do paciente à radiação. Os radionuclídeos mais comumente usados no PET são: o carbono-11, com $t_{1/2}$ = 20,4 minutos, que se transforma em nitrogênio-14 e é usado em diagnósticos cerebrais e do metabolismo cardíaco e na detecção de câncer; o nitrogênio-13, com $t_{1/2}$ = 10 minutos, que se transforma em oxigênio-16 e é usado em diagnóstico de fluxo sanguíneo e em síntese proteica; o oxigênio-15, com $t_{1/2}$ = 2 minutos, que se transforma em nitrogênio-14, nitrogênio-15 ou oxigênio-16 e é usado na detecção de fluxo sanguíneo cerebral e do metabolismo; ou o flúor-18, com $t_{1/2}$ = 1,83 hora (ou 1 hora e 49 minutos), que se transforma em oxigênio-18 ou neônio-20 e é usado em diagnóstico de metabolismo de glicose e na síntese de dopamina no cérebro (Lilley, 2001).

6.3 Astrofísica e cosmologia nuclear

Na virada do século XVI para o XVII, Tycho Brahe (1546-1601) e Johannes Kepler (1571-1630) observaram o que parecia ser uma "nova estrela", ou *stellae novae*. Tratava-se, no entanto, de uma raríssima supernova. Tais eventos cósmicos, cuja origem do nome é a classificação desses dois famosos astrônomos, emitem energia por meio do decaimento do níquel-56 e do cobalto-56, isótopos radioativos com meias-vidas de, respectivamente, 6,077 e 77,27 dias. A luminosidade observada e documentada deu origem ao que se sabe hoje sobre o decaimento radioativo (Basdevant; Rich; Spiro, 2006).

Cosmologia e astrofísica são comumente confundidas, até mesmo nos corredores de departamentos de física. Obviamente, elas se cruzam em diversos pontos, mas é importante, em um primeiro momento, realizar a distinção entre elas, com o intuito de clarificar os focos do que debateremos na sequência. No meio dessa discussão, ainda figura a astronomia, área de conhecimento multidisciplinar que seria como a mãe das outras duas. Essa ciência milenar estuda características como luminosidade, posição, movimento e composição de corpos celestes.

? O que é

A **astrofísica** se relaciona mais à astronomia, uma vez que ambas têm como objetivo analisar a evolução e o comportamento de objetos no Universo, como galáxias, estrelas, nebulosas ou buracos negros. Essa análise é realizada do ponto de vista da física, sendo esta a separação com a outra área de estudo. Já a **cosmologia** se dedica a modelar o Universo em sua plenitude, sua formação e sua evolução. É o ramo da física que contém a famosa teoria de formação do Universo, o Big Bang, e é a área de estudo de famosos físicos do século XXI, como Stephen Hawking (1942-2018) e Neil deGrasse Tyson (1958-).

Da perspectiva do planeta Terra, a evolução do Universo pode ser dividida em quatro estágios distintos, a serem discutidos a seguir.

A **nucleossíntese primordial** ocorreu de 0 a 10^6 anos, que se estenderia do primeiro instante do Big Bang à formação de átomos estáveis de hidrogênio e hélio. Esse período segue de compreensões muito incertas por causa da diferença das propriedades das partículas e dos núcleos para a formação dos átomos como conhecemos hoje. Embora alguns hádrons que utilizamos tenham sido formados nesse intervalo, deixaremos essa conversa para a cosmologia e a física de partículas, a fim de focar na formação de núcleos maiores.

A **condensação galáctica**, que ocorreu de 10^6 até aproximadamente a $2 \cdot 10^9$ anos, resultou basicamente da criação de aglomerados de átomos de hidrogênio e de hélio por meio da interação gravitacional. Essa composição levou ao agrupamento de gigantescas quantidades de átomos muito leves, mas que geraram campos gravitacionais cada vez mais intensos, atraindo ainda mais átomos. Os átomos mais externos geraram pressões cada vez maiores até iniciar os primeiros processos de fusão descritos na Seção 4.4.

A consequência disso foi o estágio da **nucleossíntese estelar**. De interesse para a física nuclear em razão da quantidade de reações nucleares envolvidas, teria sido na nucleossíntese que ocorreram reações de queima de hidrogênio, como o ciclo CNO (carbono, nitrogênio e oxigênio) e a cadeia do próton; de queima de hélio, como o processo triplo-alfa e o processo-alfa; de queima de elementos como carbono, neônio ou oxigênio; além da produção de elementos mais pesados.

Finalmente, ocorreu a **evolução do Sistema Solar** sem, todavia, ser encerrada a nucleossíntese estelar. Os planetas do nosso sistema foram formados a partir de aglomerados de poeira estelar que transladavam em torno do Sol e se agregaram pela própria força gravitacional, assim como as estrelas. No entanto, dada a quantidade e o tipo de átomos que a compunham e suas distâncias do Sol, foram formados planetas de diferentes tamanhos e densidades (Krane; Halliday, 1988). Nessa "poeira" que deu origem à Terra já estavam distribuídos os elementos que formam a crosta terrestre, incluindo os vários isótopos radioativos naturais.

6.3.1 Fusão no Universo primitivo

A teoria atual cientificamente mais aceita sobre a origem do Universo é a de que seu início consistiu em uma "grande explosão", o **Big Bang**, ocorrido entre $1 \cdot 10^{10}$ e $2 \cdot 10^{10}$ anos atrás. Tal expansão, de uma sopa quente de elétrons, prótons, *quarks*, fótons e outras diversas partículas exóticas, ainda está ocorrendo e é possível observá-la, uma vez que o Universo ainda está se expandindo.

Passadas algumas centenas de milhares de anos, as partículas resultantes dessa expansão violenta resfriaram suficientemente para se condensarem em gases de hidrogênio e hélio, acompanhados de fótons, neutrinos e uma pequeníssima quantidade de lítio (Cottingham; Greenwood, 2001). O deutério (H-2), por exemplo, é formado por meio de:

$$n + p \rightarrow {}^{2}H + \gamma$$

O Quadro 6.1 apresenta a abundância de vários isótopos no Universo, sendo classificados por sua massa. A quantidade absurdamente maior de H-1 (o próton) é evidentemente resultado do Big Bang. A quantidade de hélio-4 pode ser explicada pelo processo básico que ocorre na fusão nuclear em estrelas:

$$4p \rightarrow {}^{4}He + 2e^{+} + 2\nu_{e} + 25{,}7\,\text{MeV}$$

Todavia, os demais elementos naturais, mesmo que em pequena quantidade, demandam uma descrição diferente de formação. Aqueles que conhecemos da tabela periódica, dessa forma, foram formados em processos posteriores à grande explosão. Os isótopos com A ≥ 100, por exemplo, são extremamente raros (Lilley, 2001).

Quadro 6.1 – Fração dos isótopos mais abundantes (em massa) do Universo

Isótopo	Fração
Hidrogênio-1	≈ ¾ (75%)
Hélio-4	≈ 1/4 (25%)
Lítio-6	$7{,}75 \cdot 10^{-10}$
Lítio-7	$1{,}13 \cdot 10^{-8}$
Berílio-9	$3{,}13 \cdot 10^{-10}$
Berílio-10	$5{,}22 \cdot 10^{-10}$
Boro-11	$2{,}30 \cdot 10^{-9}$
Carbono-12	$3{,}87 \cdot 10^{-3}$
Nitrogênio-14	$0{,}94 \cdot 10^{-3}$
Oxigênio-16	$8{,}55 \cdot 10^{-3}$
Neônio-20	$1{,}34 \cdot 10^{-3}$
Magnésio-24	$0{,}58 \cdot 10^{-3}$
Silício-28	$0{,}75 \cdot 10^{-3}$

Fonte: Elaborado com base em Donnelly et al., 2017.

6.3.2 Nucleossíntese de elementos pesados

A progressão de formação de elementos nas estrelas é encerrada quando o núcleo passa a apresentar uma grande quantidade de elementos com número de massa próximos a 56, como o ferro-56 ou o níquel-56. Nesse ponto, os núcleos são mais estáveis e não há energia suficiente para reações, sendo costume dizer que a estrela "perdeu seu combustível" por ter diminuído o ritmo de fusões. A estrela passa a se contrair e tende a colapsar em si mesma. A energia potencial gravitacional se converte em energia cinética e uma grande parte de sua massa é ejetada para o espaço, dando origem a uma supernova. Essa expulsão de matéria e energia, em especial de nêutrons, gera colisões violentas com núcleos nas proximidades, gerando elementos cada vez mais pesados (Lilley, 2001).

Quando estrelas com massa superior a 20 vezes à do Sol queimam seu combustível de fusão nuclear, seus núcleos* tornam-se basicamente ferro-56, distribuindo-se em camadas até uma superfície de hélio e hidrogênio. Como a estrela não tem capacidade de fundir núcleos maiores do que o ferro, ela implode, pois não há pressão

---

* Aqui, mais uma vez nos tornamos vítimas dos homônimos da língua portuguesa em estruturas físicas completamente diferentes: além do núcleo atômico e do núcleo dos reatores, há os núcleos das estrelas.

térmica para competir com a gravitação. A temperatura começa a aumentar, levando à evaporação de hélio-4 e ao aumento do nível de Fermi, de modo que elétrons são capturados por prótons para formar nêutrons:

$$e^- + p \rightarrow n + \nu_e$$

Esses processos ocorrem simultaneamente, reduzindo o raio da estrela em 100 vezes e transformando-a em uma supernova, uma explosão estelar transitória altamente luminosa. Os núcleos presentes nas camadas mais externas dessa supernova são ejetados para o meio interestelar, que contém diversos núcleos com número de massa entre 4 e 56 (Basdevant; Rich; Spiro, 2006).

6.4 Datação radioativa e outros usos da física nuclear

Por já ter sido explorada há quase um século e meio, a física nuclear foi testada à exaustão e suas aplicações manifestam-se nas mais diversas áreas. Entretanto, se engana quem pensa que o assunto está esgotado, uma vez que novos dispositivos de medição e novas formas comercialmente viáveis de geração de isótopos têm surgido nos últimos anos. Obviamente, não será possível discutir todas as aplicações aqui, mas exploraremos algumas delas.

6.4.1 Datação radioativa

A datação por carbono-14 é baseada em dois processos. O **primeiro** é a transformação de um nitrogênio-14 em carbono-14 por meio do bombardeamento praticamente constante de raios cósmicos. A reação é a seguinte:

$$^{14}_{7}N + n \rightarrow p + {}^{14}_{6}C$$

Essa reação passa a fazer parte do dióxido de carbono (CO_2) absorvido pela matéria orgânica. O **segundo** processo é a chave para a compreensão da datação: o decaimento desse isótopo radioativo ocorre em um tempo ideal para aferições históricas e paleontológicas, uma vez que sua meia-vida é de 5 730 anos.

Como a ação de raios cósmicos é aproximadamente constante na atmosfera, a proporção do isótopo $^{14}_{6}C$ e do abundante $^{12}_{6}C$ em organismos vivos é aproximadamente invariável, algo em torno de 1 para 10^{12}. Com a morte do indivíduo, a troca de carbono com o ambiente cessa e a proporção começa a diminuir, uma vez que o $^{14}_{6}C$ passa a decair em $^{14}_{7}N$ pela emissão de partículas β:

$$^{14}_{6}C \rightarrow {}^{14}_{7}N + {}^{0}_{-1}\beta$$

A variação na proporção é obtida simplesmente por meio da medição de atividade radioativa em amostras de carbono com massa conhecida. Dessa forma, compostos orgânicos mais recentes devem ter uma atividade maior do que os mais antigos. Lembre-se, todavia, de que essa relação não é linear, seguindo a função exponencial da lei de decaimento radioativo. Por isso, a medição é mais difícil para amostras mais antigas, pois suas emissões não se alteram significativamente como ocorre em amostras com idades próximas.

No entanto, a atividade dessas amostras é natural e extremamente pequena, com valores de 0,25 Bq ou menores, dependendo da idade do material. Essa atividade máxima corresponde à emissão de organismos vivos e é realizada por todos nós o tempo todo (Lilley, 2001). Uma evolução da medição da relação entre os isótopos de carbono é o da espectroscopia de massa, que detecta direta e mais sensivelmente o carbono-14 residual, em vez de seu decaimento (Williams, 1991).

Apesar de esses métodos se alicerçarem na constância de criação de carbono-14 no planeta nos últimos 20 mil anos, há a necessidade de ajustes de datação em amostras dos séculos XX e XXI. A queima de combustíveis fósseis nos últimos 120 anos e os testes de armas nucleares no pós-guerra aumentaram a concentração do isótopo, possivelmente dobrando-a, comparativamente ao gerado pelos raios cósmicos (Heyde, 1999).

Exercício resolvido

Um pedaço de osso encontrado em uma caverna por um pesquisador apresenta uma porcentagem de carbono-14 igual a 12,5% se comparada à existente em um animal vivo. Dado que a meia-vida do carbono-14 é de 5 730 anos, determine quantos anos se passaram desde a morte do indivíduo.

Resolução

Determina-se a razão entre os isótopos radioativos a partir de:

$$\frac{N_0}{N} = \frac{100\%}{12,5\%} \Rightarrow \frac{N_0}{N} = 8$$

Da definição da meia-vida, tem-se que $\frac{N_0}{2^n} = N$, uma vez que a cada período da meia-vida o número de isótopos é dividido por dois. Ocorrem n meias-vidas, portanto. Assim,

$$\frac{N_0}{N} = 2^n \Rightarrow n = \log_2\left(\frac{N_0}{N}\right) = \log_2(8) \Rightarrow n = 3$$

Dada a meia-vida do carbono-14 $t_{1/2} = 5\,730$ anos, tem-se:

idade do osso $= n \cdot t_{1/2} = (4)(5\,730) \Rightarrow$
$\Rightarrow$ idade do osso $= 17\,190$ anos

6.4.2 Outras aplicações

Os **banhos de radiação** são muito utilizados na fabricação de produtos hospitalares, uma vez que as seringas, as luvas, os fios de sutura e outros artigos usados por médicos necessitam de esterilização pré-embalagem. A irradiação com a maioria dos tipos de partículas carregadas e nêutrons podem causar reações nucleares e criar produtos radioativos; já banhos com raios γ ou elétrons de baixa energia exploram a propriedade desse tipo de emissão de exterminar micro-organismos causadores de doenças. As peças submetidas a tal banho de partículas não se tornam radioativas; portanto, esse tipo de esterilização possibilitou a utilização de materiais médicos com ponto de fusão mais baixo, pois a irradiação aumenta sua temperatura até pouco mais de 9 °C, ao passo que o processo térmico convencional exige uma exposição de, ao menos, 15 minutos a 120 °C. Nessa aplicação, em geral, são empregadas fontes intensas de raios γ, como o cobalto-60, uma vez que micro-organismos são mais resistentes a essa radiação do que os humanos (Okuno; Yoshimura, 2016).

A ação da irradiação pode também **prolongar a vida útil de alimentos**, inibindo a divisão celular, a formação de brotos, o desenvolvimento de larvas e o espalhamento de micro-organismos. Especificamente nos vegetais, ela diminui a atividade enzimática, possibilitando seu transporte a longas distâncias. Embora haja preocupação a respeito da degradação nutricional e de alterações cancerígenas ou tóxicas, não houve até hoje indicações de inutilização ou deterioração dos alimentos quando mantida a dose média de 10 kGy.

Radiações γ e eletrônicas vêm sendo usadas ainda para a **preservação de objetos de arte**; a irradiação de solo (terra) permite sua utilização para a **fertilização**, com risco reduzido de bactérias indesejadas; até mesmo o uso de **baterias de plutônio-238** em marca-passos foi comum na década de 1970. A quantidade de aplicações, portanto, é infindável e poderia ensejar uma obra específica.

6.5 Segurança em física nuclear

A segurança é uma das principais preocupações quando se aplica experimentalmente a física nuclear. Por ser um poderoso recurso natural, o uso do núcleo atômico requer constante análise e revisão de conceitos. Como exemplo, podemos citar os vários relatórios com descrições e comparativos de usinas envolvidas em acidentes graves ao longo da história, necessários no processo de construção das usinas nucleares brasileiras (Alves, 1988; Oliveira; Barroso, 1980; Silva, 1986), a fim de compreender seus riscos e evitar acidentes. Nas seções que se seguem, apresentaremos os principais cuidados na proteção radiológica e relataremos brevemente quatro dos acidentes relacionados à física nuclear mais importantes da história, apontando para a necessidade de prevenção.

A escala internacional de acidentes nucleares apresenta uma classificação usada para problemas envolvendo radioisótopos: a Escala Internacional de Evento Nuclear e Radiológico (Ines – *International Nuclear and Radiological Event Scale*), da Agência Internacional de Energia Atômica (IAEA – *International Atomic Energy Agency*) (Okuno, 2018).

Em ordem crescente de gravidade, a classificação compreende:

- **Nível 1** – Anomalia: pequenos problemas com componentes de segurança e perda ou roubo de emissores, sem vazamentos.
- **Nível 2** – Incidente: exposição de uma única pessoa acima dos limites anuais regulamentares ou falhas de segurança sem consequências reais.
- **Nível 3** – Incidente importante: exposição dez vezes superior ao limite anual máximo estabelecido, mas com efeito não letal.
- **Nível 4** – Acidente com consequências locais: pequena liberação de materiais radioativos, com pouca necessidade de contramedidas.
- **Nível 5** – Acidente com consequências de longo alcance: liberação limitada de materiais radioativos, com grande necessidade de contramedidas.
- **Nível 6** – Acidente importante: liberação de quantidade considerável de materiais radioativos, com emissões na faixa de unidades de milhares de TBq.
- **Nível 7** – Acidente grave: liberação séria de materiais radioativos que geram efeitos extensos na saúde e no meio ambiente, com emissões de dezenas de milhares de TBq.

6.5.1 Proteção radiológica

Alguns conceitos que ficaram implícitos ao longo do texto e precisam estar claros até o fim desta obra são: **contaminação**, quando há material indesejado em um local determinado, como o espalhamento de isótopos radioativos; e **irradiação**, quando um corpo é exposto à radiação e tem, por vezes, sua estrutura danificada. Fontes radioativas ainda são classificadas como *seladas* quando o material radioativo fica encapsulado de forma rígida e inviolável, impossibilitando o contato com o exterior (Okuno; Yoshimura, 2016).

Para evitar a ocorrência de ingestão ou inalação de isótopos radioativos, conhecidas como ***contaminação interna***, é necessário seguir as seguintes recomendações

- Fazer uso de máscara para evitar a inalação de gases radioativos.
- Não levar os dedos à boca nem fumar nos locais de trabalho.
- Utilizar somente peras ou pipetas automáticas ajustáveis, sendo vetada a utilização da boca.
- Lavar as mãos com sabonete a água em abundância sempre que necessário.
- Fazer uso dos equipamentos de proteção individual (EPIs), como luvas e roupas especiais, para evitar a absorção de contaminantes pela pele.
- Manter alimentos e bebidas a serem consumidos distantes de soluções ou fontes radioativas.

Embora pareçam óbvias, essas recomendações são de extrema importância, uma vez que o ser humano não dispõe de mecanismos biológicos de detecção de radiações ionizantes. Logo, é necessário estabelecer protocolos para que a rotina do uso constante não leve à banalização do risco. Para reduzir as doses no recebimento de partículas geradas em decaimentos radioativos, processo conhecido como ***irradiação externa***, são recomendadas as seguintes ações:

- Reduzir ao mínimo o tempo nas proximidades da fonte de radiação.
- Manter o local de trabalho na maior distância possível da fonte de emissão radioativa.
- Fazer uso de blindagens adequadas, como coberturas de concreto ou chumbo, para a atenuação da radiação.

6.5.2 Acidente com césio-137 em Goiânia (Brasil)

Em setembro de 1987, ocorreu, no Brasil, o maior acidente radiológico – envolvendo uma fonte radioativa usada em hospitais – do mundo. O cloreto de césio (CsCl) é um sal usado em terapias para câncer que contém césio-137. Esse isótopo tem meia-vida de cerca de 30,17 anos e atividade na época do acidente de 50,9 TBq (ou 1 375 Ci). O radioisótopo emite radiação β com energia de até 1,176 keV, além de radiação γ com até 66,1 keV. Com

28 g de CsCl inseridos em um equipamento novo em 1971, foram necessárias somente as 19,26 g restantes em 1987 para criar um acidente de proporções catastróficas. Um agravante do acidente em questão é o fato de o CsCl ser um composto de alta solubilidade e se concentrar facilmente em animais e plantas.

No dia 13 de setembro daquele ano, na cidade de Goiânia (GO), dois catadores de papel, Wagner Pereira e Roberto Alves, encontraram um aparelho de radiologia abandonado em um prédio em ruínas. Pertencente ao Instituto Goiano de Radioterapia, o prédio estava abandonado desde 1985. O equipamento foi levado em um carrinho de mão até o quintal de Roberto, que, com o objetivo de separar os materiais para venda, danificou parte da proteção de irídio e o material radioativo foi exposto. No mesmo dia da abertura da "marmita", como denominaram a cápsula, Wagner e Roberto passaram a sentir náuseas e tonturas, seguidas de vômitos e diarreia, mas, ao procurarem o hospital, foram tratados com um diagnóstico errôneo de intoxicação alimentar. Wagner ainda ficou com as mãos inchadas e apresentou queimaduras nos braços e nas mãos. Menos de um mês depois, Roberto teria seu antebraço direito amputado.

No dia 19, Roberto e Wagner venderam o invólucro de aço e chumbo que continha o césio no ferro velho de Devair Ferreira, local onde o sal radioativo foi retirado por outros dois funcionários. Por causa do brilho intenso que o produto emanava, Devair levou a maior parte do pó de césio para a sala de sua casa, onde o distribuiu de forma fracionada, ao longo de vários dias, para amigos e parentes, incluindo seu irmão Ivo, que levou uma parte para casa no dia 24. Leide Ferreira, filha de Ivo, de 6 anos, encantou-se com o brilho do material e o manipulou, ingerindo parte do material radioativo ao se alimentar.

Partes desmontadas do equipamento foram transportadas entre vários ferros-velhos, gerando a contaminação de mais pessoas. Já no dia 28, Maria Gabriela Ferreira, esposa de Devair, levou de ônibus uma das peças até a vigilância sanitária, acompanhada de Geraldo da Silva, que carregou a fonte radioativa em um dos ombros. No mesmo dia, o médico Alonso Monteiro desconfiou da contaminação por radiação e solicitou a presença de um físico. Foram então chamados Walter Mendes e Sebastião Maia. No dia 29, os físicos detectaram a radioatividade no material, notificando a Secretaria de Saúde e o Departamento de Instalações Nucleares (DIN) da Comissão Nacional de Energia Nuclear (CNEN). Um plano de emergência envolvendo a CNEN, a empresa Furnas, a Nuclebrás, a Defesa Civil, a ala de emergência nuclear do Hospital Naval Marcílio Dias, a Secretaria Estadual de Saúde de Goiás e o Hospital Geral de Goiânia, além de outras instituições locais, nacionais e internacionais, foi acionado no dia 30. Em sua execução, foram realizadas imediatamente a triagem de pessoas contaminadas no Estádio Olímpico e o isolamento de áreas consideradas focos principais.

Em 23 de outubro, faleceram as duas primeiras vítimas do acidente: Leide e Maria Gabriela, respectivamente sobrinha e esposa de Devair, o dono do ferro-velho. As mortes seguintes foram as dos funcionários que abriram o invólucro do material radioativo, Israel dos Santos, no dia 27, e Admilson de Souza, no dia 28. Leide teve de ser enterrada em um caixão de chumbo lacrado erguido por um guindaste.

Sete focos principais foram identificados e isolados. Da população afetada, é possível destacar alguns números:

- 112 800 pessoas foram monitoradas;
- 249 pessoas foram contaminadas interna e/ou externamente;
- 129 pessoas precisaram de acompanhamento médico regular, das quais 79 receberam tratamento ambulatorial com contaminação externa;
- 50 pessoas foram classificadas como radioacidentadas com contaminação interna, das quais 30 foram levadas a albergues de semi-isolamento e 20 foram deslocadas para o Hospital Geral de Goiânia;
- 14 pessoas precisaram ser transferidas em estado grave para o Hospital Naval Marcílio Dias, no Rio de Janeiro, incluindo as quatro que faleceram em decorrência do acidente.

Foram gerados 3 500 m^3 de lixo radioativo, incluindo pertences de pessoas que tiveram contato com o material, acondicionados em contêineres concretados e colocados em piscinas de concreto impermeabilizado. Os materiais encontram-se em um depósito definitivo em Abadia de Goiás (GO), onde foi instalado o Centro Regional de Ciências Nucleares do Centro-Oeste. Foram instaladas oito barreiras para impedir o contato do césio radioativo com o meio ambiente (Alves, 1988; Carvalho, 2012). O acidente, posteriormente, foi classificado no nível 5 da Ines.

Vale frisar que uma sequência de atos catastróficos levou à contaminação e à morte de várias pessoas, iniciando pelo mais desastroso: o descaso com o descarte de materiais e equipamentos com isótopos nucleares. Isso evidencia a necessidade de respeito com o uso da ciência e da tecnologia, uma vez que um equipamento desenvolvido com o objetivo de salvar vidas por meio do tratamento de câncer causou a morte direta de quatro pessoas e, indiretamente, de outras dezenas, que manifestaram sintomas de contaminação nos anos que se seguiram.

6.5.3 Acidente em Three Mile Island (Estados Unidos)

Em 1979, em um condado próximo a Harrisburg, capital do estado da Pensilvânia (Estados Unidos), ocorreu o acidente nuclear mais grave da história estadunidense, atingindo o nível 5 na Ines. Na madrugada do dia 28 de março, a Unidade 2 da Usina de Three Mile Island

(Figura 6.2) apresentava funcionamento normal, com uma pressão de 157 atm e temperatura média de 605 °C no núcleo do reator. Às 4 horas da manhã, ocorreu uma falha nas válvulas da unidade de purificação de água no circuito secundário, forçando uma parada automática das bombas principais desse circuito.

Figura 6.2 – Marcador histórico próximo ao local da usina de Three Mile Island

Uma falha em cascata dos sistemas de refrigeração e das válvulas levaram ao "descobrimento" do núcleo, que ficou imerso em vapor, quando deveria estar mergulhado em líquido. Produtos de fissão, como o iodo-131, o xenônio-133 e o criptônio-87, foram detectados posteriormente no refrigerador primário, que foi derramado no piso do edifício. Embora o I-131 tenha sido contido nos filtros de ventilação, os gases nobres escaparam para o ambiente externo. No processo, o núcleo atingiu mais de 320 °C, com seu valor exato indeterminado, uma vez que a temperatura estava fora da escala do sistema. Somente três horas após o evento inicial foi declarada emergência geral e as autoridades competentes foram notificadas, quando soaram alarmes de irradiação na contenção do edifício auxiliar. A temperatura do líquido refrigerador só foi reduzida depois de algumas semanas (Oliveira; Barroso, 1980).

Embora, felizmente, não tenham sido registradas vítimas diretas do acidente, as respostas das autoridades locais e nacionais foram atrapalhadas, afetando significantemente a rotina dos moradores de cidades próximas. Não havia, por exemplo, informações claras para a população saber se deveria ficar em casa ou evacuar a região. Curiosamente, apenas 12 dias antes do acidente, o filme *Síndrome da China*, com Jane Fonda, Michael Douglas e Jack Lemon, havia sido lançado nos cinemas. Obviamente uma infeliz coincidência, o filme trata da tentativa de acobertamento de um vazamento radioativo em uma usina nuclear nos Estados Unidos.

6.5.4 Acidente em Chernobyl (União Soviética)

Alguns anos depois, em 1986, do outro lado da Cortina de Ferro, ocorreu o mais famoso acidente nuclear da história até hoje, na Unidade 4 da Central Nuclear de

Chernobyl. Ela era composta de seis unidades, com quatro em operação e as outras duas previstas para começar a operar nos anos seguintes. O reator presente na usina, um RBMK (Реактор большой мощности канальный, ou reator canalizado de alta potência), era do tipo BWR (Boiling Water Reactor, ou reator de água fervente) e usava refrigeração com água fervente e moderadores de grafite.

No dia 26 de abril de 1986, o reator da Unidade 4 foi desligado para se verificar a inércia das turbinas em caso de corte no suprimento de energia. Erros graves dos operadores, incluindo a desativação do mecanismo de desligamento automático e a inserção repentina das hastes de boro contaminadas com xenônio, resultado natural da fissão, levaram à evaporação súbita da água do sistema e à exposição do material físsil. O teto do prédio onde ficava o reator foi destruído por uma violenta explosão, com chamas de 30 metros de altura indicando fogo proveniente de hidrogênio. Pedaços de materiais radioativos foram encontrados nos arredores, seguidas de medidas de atividade radioativa na Suécia e na Finlândia, evidenciando uma elevação em torno de da nuvem radioativa, decorrente de uma alta produção energética no reator.

Especula-se que a explosão provavelmente foi causada pela inflamação de um bolsão de hidrogênio na sala de carregamento de combustível, decorrente da radiólise da água ou da oxidação do zircônio que revestia o combustível nuclear.

O núcleo do reator, após o acidente, tornou-se uma massa fundida composta de metais e óxidos de urânio com 2 400 °C, gerando a decomposição do concreto no entorno, que chegou a 1 300 °C. A zona de emergência estabelecida de 30 km somente no dia 27 de abril levou à evacuação de mais de 98 mil pessoas de regiões povoadas próximas, principalmente de Pripyat (Figura 6.3), que permanece uma cidade-fantasma, mesmo passados mais de 30 anos do ocorrido. Foram despejadas, entre os dias 29 e 30 de abril, sobre os escombros do edifício, mais de 5 mil toneladas de areia, chumbo, argila e boro (para desacelerar a reação em cadeia).

Figura 6.3 – Central Nuclear de Chernobyl e cidade de Pripyat abandonadas

O acidente em Chernobyl recebeu classificação 7 na Ines, e foram realizadas várias estimativas de quantidade de pessoas irradiadas. O Instituto Francês de Segurança Nuclear apresentou os seguintes números:

- Aproximadamente 20 pessoas foram expostas a doses maiores do que 10 Sv, o que ocasiona morte em menos de 24 horas.
- De 30 a 40 pessoas, que foram expostas a doses entre 5 Sv e 10 Sv, precisaram de atendimento médico.
- Por volta de 300 pessoas sujeitas a doses entre 1 Sv e 5 Sv necessitaram de supervisão médica.
- Entre 25 mil e 30 mil pessoas podem ter sido sujeitas a radiações de 0,1 Sv a 1Sv.

6.5.5 Acidente em Fukushima (Japão)

Em 11 de março de 2011, o terremoto mais devastador já registrado no Japão, marcando 9,1 graus na escala Richter, causou um grande estrago principalmente na região de Tohoku. Quarenta minutos depois, seguiu-se um *tsunami*, decorrência do tremor de terra, com uma onda de 15 metros que varreu a região nordeste do país. Essas duas tragédias, contudo, precederam um dos maiores acidentes envolvendo usinas nucleares da história, na Central Nuclear de Fukushima I (Figura 6.4).

Figura 6.4 – Chaminés da Usina Nuclear de Fukushima, no Japão

O terremoto destruiu as linhas de transmissão de energia que mantinham a refrigeração dos seis reatores. Um segundo sistema de refrigeração, alimentado por geradores a óleo, estava a 10 metros acima do nível do mar e foi colapsado quando foi atingido pelo subsequente *tsunami*. As baterias de emergência se esgotaram rapidamente e a refrigeração foi cortada, aumentando a temperatura da água de resfriamento do núcleo do reator até a evaporação, expondo-o. Explosões de hidrogênio destruíram a cobertura do teto do reator, derretendo três dos seis reatores e causando vazamentos de material radioativo para o ambiente, incluindo vazamento de água radioativa no Oceano Pacífico.

À noite, o estado de emergência nuclear levou à evacuação da população em um raio de 2 quilômetros da usina, estendida para 3, depois para 10 e chegando, no dia seguinte, a 20 quilômetros.

Cerca de 50 operários se responsabilizaram por amenizar a tragédia, mas somente uma morte foi atribuída diretamente ao acidente, de Masao Yoshida, que teve câncer de garganta dois anos depois. Outros 16 foram feridos pela explosão do hidrogênio e 2 tiveram queimaduras de radiação. O acidente recebeu classificação 7 na Ines.

Para saber mais

ALVES, R. N. **Relatório do acidente radiológico em Goiânia**. Brasília: Comissão Parlamentar de Inquérito do Senado Federal, 1988. Disponível em: <http://memoria.cnen.gov.br/manut/ImprimeRef.asp?AN=19076677>. Acesso em: 20 abr. 2023.

Relatório do acidente do césio-37 em Goiânia apresentado pelo físico brasileiro Rex Nazaré Alves para a Comissão Parlamentar de Inquérito do Senado Federal. No documento, são relatados os eventos sem a camada artística de outras obras, uma vez que se trata de um texto oficial.

CÉSIO 137: o pesadelo de Goiânia. Direção: Roberto Pires. Brasil: Master Cinevídeo, 1990. 94 min.

Trata-se do episódio "Césio 137: o pesadelo de Goiânia", do programa de televisão Linha Direta Justiça, que apresenta, de forma sistemática, a sequência de eventos desse acidente radioativo, desde a exposição do material até a resposta das autoridades.

O caso é abordado do ponto de vista das pessoas mais atingidas. A produção é bem interessante, mas é necessária uma ressalva: como vários filmes brasileiros da época, há algumas cenas de nudez que podem gerar incômodo.

Síntese

Neste capítulo, discutimos sobre diversas aplicações da física nuclear na indústria geral. Na sequência, focamos a medicina nuclear, na qual verificamos o uso de isótopos radioativos tanto em diagnósticos quanto em tratamentos de doenças.

Logo depois, verificamos como os principais núcleos atômicos foram criados a partir do ponto de vista da astrofísica e da cosmologia nuclear. Tratamos, ainda, de outras aplicações do conhecimento de decaimentos radioativos, como a datação com carbono-14.

Finalmente, fechamos o capítulo abordando os cuidados necessários para o bom uso da física nuclear, incluindo um breve descritivo de acidentes históricos com isótopos radioativos que poderiam ter sido evitados.

Questões para revisão

1) Leia o texto a seguir.

> A indústria é uma das maiores usuárias das técnicas nucleares no Brasil, respondendo por cerca de 30% das licenças para utilização de fontes radioativas.
> Elas são empregadas principalmente para a melhoria da qualidade dos processos nos mais diversos setores industriais. As principais aplicações são na medição de espessuras e de vazões de líquidos, bem como no controle da qualidade de junções de peças metálicas.
> (Aplicações..., 2006)

A respeito das aplicações da física nuclear na indústria, analise as afirmativas a seguir e a relação proposta entre elas.

I) Na marcação radioativa, em geral, são usados isótopos com pouca afinidade química com as substâncias que se deseja rastrear,

PORQUE

II) os isótopos usados na marcação devem ter altos valores de meia-vida, em geral, por volta de alguns anos.

A respeito dessas proposições, é correto afirmar que:

a) I é falsa, e II é verdadeira.
b) I e II são verdadeiras, mas a II não justifica a I.

c) I é verdadeira, e II é falsa.
d) I e II são falsas.
e) I e II são verdadeiras, e a II justifica a I.

2) Os radiofármacos são substâncias químicas que apresentam em sua composição um isótopo radioativo quimicamente ligado a uma molécula não radioativa com afinidade biológica a determinado órgão ou tecido. Semelhantes ou até mesmo iguais aos marcadores, os radiofármacos podem ter uso tanto no diagnóstico quanto no tratamento de doenças.

Com base em seus conhecimentos de radiofármacos, cite quais são os radioisótopos mais usados na radiofarmacologia brasileira, incluindo suas aplicações principais.

3) Leia o texto a seguir.

A astrofísica nuclear estuda a síntese dos elementos e sua relação com a evolução das estrelas e do universo. É um campo que engloba áreas tão variadas da física moderna como Cosmologia, Astrofísica Pura, Astronomia, Física de Partículas Elementares, Física Nuclear e Física Atômica. Entre outras coisas, procura responder questões sobre como o Sol, o sistema solar, as estrelas, as galáxias se formaram; como eles evoluem e como os elementos da tabela periódica são produzidos nas estrelas. (Guimarães, 2020)

Com base em seus conhecimentos sobre astrofísica e cosmologia nuclear, analise as afirmativas a seguir.

I) A síntese dos elementos químicos mais leves, incluindo o ouro e a prata, ocorreu dentro de estrelas como o Sol.
II) Os elementos mais pesados foram sintetizados nos primeiros momentos do Big Bang.
III) As supernovas realizaram a síntese de elementos como o urânio.

Agora, assinale a alternativa que indica somente a(s) afirmativa(s) correta(s):

a) I e III.
b) III.
c) I, II e III.
d) I e II.
e) II e III.

4) Leia o texto a seguir.

Os cientistas puderam datar com precisão, no ano de 1021, a presença de vikings no continente norte-americano após sua travessia do Atlântico, graças à datação de radiação cósmica, da qual detectaram vestígios em pedaços de madeira.

Há muito se sabe que os marinheiros escandinavos foram os primeiros europeus a desembarcar ali, por volta do ano 1.000, muito antes de Cristóvão Colombo, que chegou mais ao sul e quase cinco séculos depois.
(Radiação..., 2021)

Considere a meia-vida do carbono-14 de 5 730 anos. A idade de um osso encontrado sob a terra que apresenta 20% de porcentagem de C-14 comparada à existente em um animal vivo é de, aproximadamente:

a) 5 730 anos.
b) 28 650 anos.
c) 13 304 anos.
d) 1 146 anos.
e) 11 460 anos.

5) Leia o texto a seguir.

A energia nuclear corresponde hoje a 17% da geração de energia elétrica mundial. Apesar de não gerar os gases do efeito estufa, o perigo se encontra nos resíduos de alta radioatividade e na possibilidade de acidente nas usinas, que podem ser devastadores. (Maiores..., 2022)

Cite alguns dos principais acidentes nucleares registrados na história, indicando a escala Ines de cada um.

Questões para reflexão

1) Faça um relatório elencando os principais problemas que levaram ao acidente nuclear em Fukushima.

2) Pesquise novos equipamentos médico-hospitalares que fazem uso da radioatividade para diagnóstico, destacando os isótopos radioativos usados.

Considerações finais

Obviamente, não há como abordar em sua totalidade a física nuclear. Mesmo livros avançados apresentam estruturas e caminhos que negligenciam alguns temas. Nesta obra, todavia, nosso propósito era fornecer ao(à) leitor(a) uma visão geral sobre o assunto, abordando os principais conceitos e palavras-chave para instigar a uma pesquisa mais aprofundada como ampliação desta leitura.

Por apresentar um caráter de "perigo", a física nuclear carece de uma constante reafirmação de segurança, possível somente com o avanço da divulgação científica. Em tempos de *fake news*, é imperativo que os detentores do conhecimento façam-se ouvir. A ciência, como construto da humanidade, deve ser disponibilizada da forma mais irrestrita possível; do contrário, abrir-se-á espaço a crendices que podem colocar a perder diversas conquistas.

Nosso anseio é que o conhecimento aqui compartilhado faça parte de algo maior, contribuindo para importantes avanços científicos na física, na química, na radiologia, na medicina e nas demais áreas que fazem uso das propriedades do núcleo atômico. Ainda, esse conhecimento seja difundido para que se evitem tragédias como a ocorrida em Goiânia, em 1987, na qual centenas de pessoas inocentes pagaram o preço da negligência e da ignorância.

Esperamos que você, leitor(a), tenha feito uma leitura agradável e proveitosa. Essa discussão não pode acabar com o fechar deste livro. Por isso, dissemine tudo o que aprendeu sobre física nuclear a quem puder – essa será sua missão a partir de agora.

Referências

AFONSO, J. C. Actínio. **Química Nova Escola**, São Paulo, v. 34, n. 1, p. 41-42, fev. 2012. Disponível em: <http://qnesc.sbq.org.br/online/qnesc34_1/08-EQ-54-10.pdf>. Acesso em: 18 abr. 2023.

ALVES, R. N. **Relatório do acidente radiológico em Goiânia**. Brasília: Comissão Parlamentar de Inquérito do Senado Federal, 1988. Disponível em: <http://memoria.cnen.gov.br/manut/ImprimeRef.asp?AN=19076677>. Acesso em: 20 abr. 2023.

APLICAÇÕES da energia nuclear: indústria. **BiodieselBR**, 2 fev. 2006. Disponível em: <https://www.biodieselbr.com/energia/nuclear/energia-nuclear-industria>. Acesso em: 20 abr. 2023.

BASDEVANT, J.-L.; RICH, J.; SPIRO, M. **Fundamentals in Nuclear Physics**: from Nuclear Structure to Cosmology. New York: Springer, 2006.

BIANCHIN, V. O que é fusão e fissão nuclear? **SuperInteressante**, 8 maio 2009. Disponível em: <https://super.abril.com.br/mundo-estranho/o-que-e-fusao-e-fissao-nuclear/>. Acesso em: 13 abr. 2023.

BRAIBANT, S.; GIACOMELLI, G.; SPURIO, M. **Particles and Fundamental Interactions**: an Introduction to Particle Physics. New York: Springer, 2009.

CARVALHO, H. Depósito de rejeitos do césio-137 em Abadia de Goiás foi alvo de polêmica. **G1 Goiás**, 13 set. 2012. Disponível em: <https://g1.globo.com/goias/noticia/2012/09/deposito-de-rejeitos-do-cesio-137-em-abadia-de-goias-foi-alvo-de-polemica.html>. Acesso em: 18 abr. 2023.

CARVALHO, R. P. de; OLIVEIRA, S. M. V. de. **Aplicações da energia nuclear na saúde**. São Paulo: SBPC; Viena: IAEA, 2017.

CASTEN, R. F. **Nuclear Structure From a Simple Perspective**. New York: Oxford University Press, 1990.

CAXITO, F. Um reator nuclear natural. **Folha de S.Paulo**, 30 jun. 2022. Disponível em: <https://www1.folha.uol.com.br/blogs/ciencia-fundamental/2022/06/um-reator-nuclear-natural.shtml>. Acesso em: 17 abr. 2023.

CONNOR, N. Qual é a definição de efeito Compton: definição. **Radiation Dosimetry**, 27 jun. 2020. Disponível em: <https://www.radiation-dosimetry.org/pt-br/qual-e-a-definicao-de-compton-scattering-definicao/>. Acesso em: 20 abr. 2023.

COTTINGHAM, W. N.; GREENWOOD, D. A. **An Introduction to Nuclear Physics**. 2. ed. Cambridge: Cambridge University Press, 2001.

DAMASIO, F.; TAVARES, A. **Perdendo o medo da radioatividade**: pelo menos o medo de entendê-la. Campinas: Autores Associados, 2017.

DAS, A.; FERBEL, T. **Introduction to Nuclear and Particle Physics**. 2. ed. Singapura: World Scientific Pub., 2003.

DEMTRÖDER, W. **Atoms, Molecules and Photons**: an Introduction to Atomic-Molecular and Quantum-Physics. 2. ed. Berlin: Springer-Verlag, 2010.

DEWAN, A.; GAINOR, D. Cientistas anunciam recorde de geração de energia através de fusão nuclear. **CNN Brasil**, 10 fev. 2022. Disponível em: <https://www.cnnbrasil.com.br/tecnologia/cientistas-anunciam-recorde-de-geracao-de-energia-atraves-de-fusao-nuclear/>. Acesso em: 19 abr. 2023.

DEYLLOT, M. E. C. **Física das radiações**: fundamentos e construção de imagens. São Paulo: Érica, 2015.

DONNELLY, T. W. et al. **Foundations of Nuclear and Particle Physics**. Cambridge: Cambridge University Press, 2017.

DW. Coreia do Sul volta a apostar em energia nuclear. **O Povo**, 7 jul. 2022. Disponível em: <https://www.opovo.com.br/noticias/mundo/2022/07/07/coreia-do-sul-volta-a-apostar-em-energia-nuclear.html>. Acesso em: 19 abr. 2023.

FELTRE, R.; YOSHINAGA, S. **Atomística**: teoria e exercícios. São Paulo: Moderna, 1979. v. II.

FEYNMAN, R. P. **Física nuclear teórica**. Rio de Janeiro: CBPF, 1954.

GAMAGRAFIA identifica falhas sem perda da peça. **CIMM**, 18 maio 2011. Disponível em: <https:// www.cimm.com.br/portal/noticia/exibir_noticia/8004-gamagrafia-identifica-falhas-sem-perda-da-peca>. Acesso em: 13 abr. 2023.

GARATTONI, B. A praia radioativa. **SuperInteressante**, 24 jan. 2018. Disponível em: <https://super.abril.com.br/historia/a-praia-radioativa/>. Acesso em: 20 abr. 2023.

GAUTREAU, R.; SAVIN, W. **Schaum's Outline of Theory and Problems of Modern Physics**. New York: McGraw-Hill, 1999.

GONÇALVES, A. N. et al. Os radiofármacos mais utilizados no Brasil. **Remecs – Revista Multidisciplinar de Estudos Científicos em Saúde**, p. 8, dez. 2018. Disponível em: <https://www.revistaremecs.com.br/index.php/remecs/article/view/80/80>. Acesso em: 20 abr. 2023.

GRIFFITHS, D. J. **Introduction to Elementary Particles**. New York: Wiley, 1987.

GUIMARÃES, V. Especialista da USP explica o que é astrofísica nuclear em evento pela internet. **Jornal da USP**, 4 jun. 2020. Disponível em: <https://jornal.usp.br/universidade/especialista-da-usp-explica-o-que-e-astrofisica-nuclear-em-evento-pela-internet/>. Acesso em: 20 abr. 2023.

HALLIDAY, D.; RESNICK, R.; WALKER, J. **Fundamentos da física**: óptica e física moderna. Tradução de Ronaldo Sérgio de Biasi. 10. ed. Rio de Janeiro: LTC, 2016. v. IV.

HEYDE, K. **Basic Ideas and Concepts in Nuclear Physics**: an Introductory Approach. 2. ed. Bristol: IOP, 1999.

INB – Indústrias Nucleares do Brasil. **O que é o enriquecimento de urânio?** Como ele é feito na INB? 1º out. 2020. Disponível em: <https://www.inb.gov.br/Contato/Perguntas-Frequentes/Pergunta/Conteudo/o-que-e-o-enriquecimento-como-ele-e-feito?Origem=1087>. Acesso em: 19 abr. 2023.

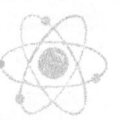

ITER – International Thermonuclear Experimental Reactor. **The Iter Tokamak**. Disponível em: <https://www.iter.org/mach>. Acesso em: 19 abr. 2023.

KAPLAN, I. **Física nuclear**. Tradução de José Goldemberg. 2. ed. Rio de Janeiro: Guanabara Dois, 1978.

KRANE, K. S.; HALLIDAY, D. **Introductory Nuclear Physics**. 2. ed. New York: John Wiley & Sons, 1988.

LILLEY, J. S. **Nuclear Physics**: Principles and Applications. New York: John Wiley & Sons, 2001.

LOPES, R. J. Polônio é elemento radioativo 'ideal para o assassinato'. **G1**, 15 dez. 2006. Disponível em: <https://g1.globo.com/Noticias/Ciencia/0,,AA1389237-5603-2661,00.html>. Acesso em: 18 abr. 2023.

LORETO, M. L. Cientistas buscam sinais de derretimento e colapso na Antártida. **Folha de S.Paulo**, 4 jul. 2022. Disponível em: <https://www1.folha.uol.com.br/ambiente/2022/07/cientistas-buscam-sinais-de-derretimento-e-colapso-na-antartida.shtml>. Acesso em: 18 abr. 2023.

MAIORES acidentes nucleares da história. **Globo Educação**. Disponível em: <http://educacao.globo.com/artigo/maiores-acidentes-nucleares-da-historia.html>. Acesso em: 20 abr. 2023.

MARASCIULO, M. César Lattes: conheça a trajetória do brasileiro injustiçado pelo Nobel. **Galileu**, 11 jul. 2020. Disponível em: <https://revistagalileu.globo.com/Sociedade/noticia/2020/07/cesar-lattes-conheca-trajetoria-do-brasileiro-injustiçado-pelo-nobel.html>. Acesso em: 13 abr. 2023.

MARIE Curie: por que anotações de cientista ficarão guardadas em caixas de chumbo por 1,5 mil anos. **BBC News Brasil**, 27 nov. 2021. Disponível em: <https://www.bbc.com/portuguese/internacional-59306398>. Acesso em: 13 abr. 2023.

MEYERHOF, W. E. **Elements of Nuclear Physics**. New York: McGraw-Hill, 1967.

MOURA, I. M. de. Descontaminação e desativação da usina: os desafios do Japão 11 anos após o desastre nuclear. **Gazeta do Povo**, 10 mar. 2022. Disponível em: <https://www.gazetadopovo.com.br/mundo/os-desafios-do-japao-11-anos-apos-o-desastre-nuclear/>. Acesso em: 20 abr. 2023.

OKUNO, E. **Radiação**: efeitos, riscos e benefícios. São Paulo: Oficina de Textos, 2018.

OKUNO, E.; YOSHIMURA, E. M. **Física das radiações**. São Paulo: Oficina de Textos, 2016.

OLIVEIRA, L. F. S. de; BARROSO, A. C. O. **Um sumário do acidente de Three Miles Island**: do instante zero às lições para o futuro. Rio de Janeiro: COPPE/UFRJ, 1980.

O PERIGO em forma de trevo. **SuperInteressante**, 31 out. 2016. Disponível em: <https://super.abril.com.br/comportamento/o-perigo-em-forma-de-trevo/>. Acesso em: 18 abr. 2023.

PEIXOTO, R. Em feito inédito, EUA anunciam avanço na produção de energia limpa baseada na fusão nuclear. **G1**, 13 dez. 2022. Disponível em: <https://g1.globo.com/ciencia/noticia/2022/12/13/em-feito-inedito-eua-anunciam-avanco-na-producao-de-energia-limpa-baseada-na-fusao-nuclear.ghtml>. Acesso em: 19 abr. 2023.

PICHETA, R. Incêndio florestal provoca aumento da radioatividade perto de Chernobyl. **CNN Brasil**, 6 abr. 2020. Disponível em: <https://www.cnnbrasil.com.br/internacional/incendio-florestal-provoca-aumento-da-radioatividade-perto-de-chernobyl/>. Acesso em: 20 abr. 2023.

PIOVESAN, E. Câmara aprova proposta que permite produção privada de radioisótopos. **Câmara dos Deputados**, 5 abr. 2022. Disponível em: <https://www.camara.leg.br/noticias/864470-camara-aprova-proposta-que-permite-producao-privada-de-radioisotopos/>. Acesso em: 18 abr. 2023.

RADIAÇÃO cósmica lança luz sobre a passagem dos vikings pela América do Norte. **IstoÉ Dinheiro**, 20 out. 2021. Disponível em: <https://www.istoedinheiro.com.br/radiacao-cosmica-lanca-luz-sobre-a-passagem-dos-vikings-pela-america-do-norte/>. Acesso em: 20 abr. 2023.

RAUHALA, E. Europa passa a considerar a fissão nuclear como 'energias verdes' com alta dos combustíveis. **Estadão**, 7 jul. 2022. Disponível em: <https://www.estadao.com.br/internacional/europa-passa-a-considerar-gas-e-fissao-nuclear-como-energias-verdes-com-alta-dos-combustiveis/>. Acesso em: 19 abr. 2023.

SAFETY. **Quais detectores de radiação são usados na medicina?** 2008. Disponível em: <https://safetyrad.com/2018/05/06/quais-detectores-radiacao-sao-usados-na-medicina/>. Acesso em: 20 abr. 2023.

SILVA, D. E. da. **Acidente de Chernobyl**: causas e consequências. Rio de Janeiro: CNEN, 1986.

SUNDARESAN, M. K. **Handbook of Particle Physics**. Boca Raton: CRC Press, 2001.

TIPLER, P. A.; MOSCA, G. **Física para cientistas e engenheiros**: eletricidade e magnetismo, ótica. Tradução de Fernando Ribeiro da Silva e Mauro Speranza Neto. 6. ed. Rio de Janeiro: LTC, 2011. v. II.

VIEIRA, C. L. **César Lattes**: arrastado pela história. 3. ed. Rio de Janeiro: CBPF, 2019.

VIGGIANO, G. Conheça as 4 forças fundamentais da física e por que elas são importantes. **Galileu**, 21 ago. 2020. Disponível em: <https://revistagalileu.globo.com/Ciencia/noticia/2020/08/conheca-4-forcas-fundamentais-da-fisica-e-por-que-elas-sao-importantes.html>. Acesso em: 13 abr. 2023.

VITAL, K. D. et al. Radiofármacos e suas aplicações. **Brazilian Journal of Health and Pharmacy**, v. 1, n. 2, p. 69-79, 2019. Disponível em: <https://bjhp.crfmg.org.br/crfmg/article/view/80>. Acesso em: 20 abr. 2023.

WILLIAMS, W. S. C. **Nuclear and Particle Physics**. New York: Oxford University Press; Oxford: Clarendon Press, 1991.

WOLFRAM ALPHA. Disponível em: <https://www.wolframalpha.com/>. Acesso em: 11 abr. 2023.

WONG, S. S. M. **Introductory Nuclear Physics**. 2. ed. New York: Wiley-VCH, 2004.

XENON COLLABORATION. Observation of Two-Neutrino Double Electron Capture in ^{124}Xe with XENON1T. **Nature**, v. 568, n. 7753, p. 532-535, April 2019.

Respostas

Capítulo 1

Questões para revisão

1) b
2) $E = 3{,}24 \cdot 10^{-11}$ J
3) $p = 2{,}06 \cdot 10^{-19}$ kg·m/s e $E = 386$ meV.
4) a
5) c

Capítulo 2

Questões para revisão

1) d
2) Os núcleos com números atômico e de massa pares, como o níquel-62 ($Z = 18$ e $A = 62$), apresentam *spin* nuclear zero, indicando que tanto nêutrons quanto prótons estão emparelhados.
3) c
4) Os maiores valores de energia de ligações entre núcleons ocorrem em núcleos com números de prótons ou nêutrons iguais a 2, 8, 20, 28, 50 e 126, conhecidos como *números mágicos*, correspondentes aos valores em que as camadas nucleares de prótons e nêutrons ficam completas. Núcleos com números de

prótons e nêutrons mágicos têm estabilidade ainda maior e são conhecidos como *números duplamente mágicos*. Já núcleos com somente nêutrons ou prótons com camadas fechadas são classificados como *smimágicos*.

5) c

Capítulo 3

Questões para revisão

1) e
2) (a) $\mathcal{A} = 2{,}68 \cdot 10^{12}$ Bq = 2,68 TBq
   (b) $N = 2{,}65 \cdot 10^{21}$ átomos de $^{227}_{89}$Ac
   (c) $t_{1/2} = 6{,}86 \cdot 10^{8}$ s $\approx$ 22 anos
3) $^{210}_{84}$Po $\rightarrow$ $^{206}_{82}$Pb + $^{4}_{2}\alpha$
4) d
5) b

Capítulo 4

Questões para revisão

1) e
2) a
3) Gerada pela reação em cadeia da fissão dos núcleos atômicos, a energia é transformada, do núcleo do reator para o circuito primário, na forma de calor. Sem alteração de tipo, ela é transferida para o circuito secundário (para evitar contaminação), sendo utilizada, na sequência, para movimentar a turbina, na qual é

transformada em energia mecânica. Finalmente, no gerador ligado mecanicamente à turbina, a energia mecânica é transformada em energia elétrica, que pode ser facilmente transmitida por longas distâncias.

4) c
5) No MCF, mantém-se o plasma quente sem contato com as paredes do receptáculo, girando em movimento circular ou helicoidal por meio da força magnética sobre as partículas carregadas. Já no ICF, feixes altamente energéticos são emitidos de diversas direções para uma pequena esfera de material fusível. A alta transferência de energia ejeta o material da superfície de forma violenta e, da conservação de momento, o material logo abaixo da superfície é comprimido em direção ao núcleo, gerando uma alta taxa de fusões.

Capítulo 5

Questões para revisão

1) $v = 1{,}27 \cdot 10^{11}$ m/s
2) a
3) c
4) $H_T = 12$ mSv
5) b

Capítulo 6

Questões para revisão

1) d
2) São usados: o tecnécio-99m, em exames de cintilografia; o iodo-131, em terapias de hipertireoidismo, tratamentos de câncer e exames de cintilografia da tireoide; e o gálio-67, administrado em pacientes com linfoma em tratamentos de longo prazo e usado em análise tumoral e de processos inflamatórios e infecciosos. De forma geral, utilizam-se também: o flúor-18, um emissor de pósitrons com meia-vida de 109 minutos; o iodo-123, emissor γ, usado somente em diagnósticos, por seu poder de penetração em curta duração; o tálio-201, aplicado em geração de imagens tumorais; o criptônio-81m e o xenônio-133, emissores γ empregados na investigação de estudos de ventilação pulmonar.
3) b
4) c
5) Acidente com césio-137 em Goiânia, no Brasil, em setembro de 1987 – nível 5; acidente em Chernobyl, na União Soviética, em abril de 1986 – nível 7; e acidente em Fukushima, no Japão, em março de 2011 – nível 7.

Sobre o autor

Fillipi Klos Rodrigues de Campos é doutor em Engenharia e Ciência dos Materiais (2017), mestre em Engenharia Elétrica (2011) e graduado em Física (2009) pela Universidade Federal do Paraná (UFPR). Atua como professor universitário há mais de 15 anos e já ministrou disciplinas nas áreas de estatística, matemática, física, eletrônica e mecânica no ensino técnico e no ensino superior. Também é frequente colaborador da Rofialli Didática, produzindo materiais didáticos para o YouTube. Busca levar o conhecimento das ciências exatas para o maior número possível de pessoas.

Impressão: Reproset